牧 太郎

我與植物的爛漫誌

わが植物愛の記

審定序

國立臺灣大學生態學與演化生物學研究所退休教授
謝長富

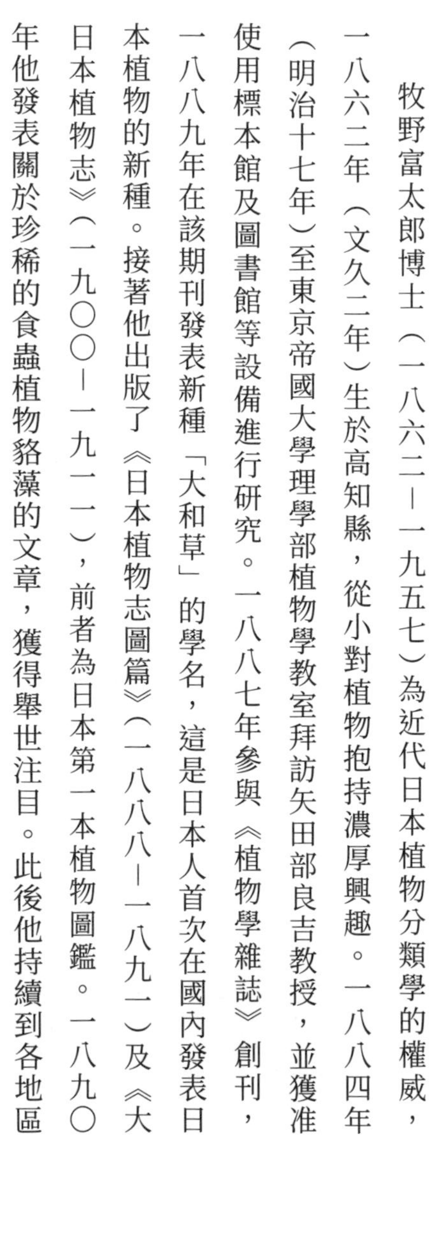

牧野富太郎博士（一八六二－一九五七）為近代日本植物分類學的權威，一八六二年（文久二年）生於高知縣，從小對植物抱持濃厚興趣。一八八四年（明治十七年）至東京帝國大學理學部植物學教室拜訪矢田部良吉教授，並獲准使用標本館及圖書館等設備進行研究。一八八七年參與《植物學雜誌》創刊，一八八九年在該期刊發表新種「大和草」的學名，這是日本人首次在國內發表日本植物的新種。接著他出版了《日本植物志圖篇》（一八八八－一八九一）及《大日本植物志》（一九〇〇－一九一一），前者為日本第一本植物圖鑑。一八九〇年他發表關於珍稀的食蟲植物貉藻的文章，獲得舉世注目。此後他持續到各地區採集植物及研究，在東京帝大擔任助手和講師長達四十七年。在此期間，他曾於一八九五年跟隨東京帝大植物採集隊來臺灣，探訪了臺北、淡水、新竹、高雄鳳山與澎湖等地，採集逾4千份植物標本並記錄1千多種植物。一九二七年他以英文的「日本植物考察」論文獲頒東京帝國大學理學博士。後期出版的圖書以《牧野日本植物圖解指南》（一九四〇）以及花了近十年時間完成的《牧野日本植物圖鑑》（北隆館，一九四〇，附有超過3千張插圖），此書最為日本民眾及臺灣早期分類學者所使用。一九三九年他從東京大學講師的職位上退休，此後投入科普寫作、致力於推廣植物科學知識及其重要性，出版了《植物記錄》（櫻井書店，一九四三）和《一天一植物》（東洋書館，一九五三）等論文集。牧野一生在植物學上的成就驚人，他共蒐集超過40萬份標本，命名的植物超過1千5百種，其中包含6百多個新種，另外個人藏書量約4萬5千冊，為日本的植物分類學奠定了雄厚的基礎。

一九五七年牧野過世後，在四國高知市設有縣立牧野植物園（一九五八）及牧野富太郎紀念館（一九九九），以紀念並展示其一生的收藏品、成就與功績。

本書譯自牧野富太郎著作《わが植物愛の記》，這是一本匯集多篇各類散文而成的科普作品，內容包含他一生的事蹟、經歷及回憶，如家庭背景、社會百態、旅遊記事、自然現象；求學過程、東京帝大植物學教室見聞、師友的人格特質及互動關係等；常見觀賞、食用、藥用植物的分類、辨識及利用；各類植物及菌類名稱的考證及錯誤的訂正；植物採集過程、新種的命名及發表過程等。由於對植物的熱愛，文中對珍奇稀有物種如囊泡貉藻、壽衛子竹、戶隱草等的發現均有詳細的述說。更多的內容是包含日本或是臺灣民眾最為熟悉的植物如楓、槭、紫藤、櫻花、芥菜、油菜、蕪菁、大頭菜、蘿蔔、四季豆、扁豆、苦楝、橡樹、菊花、番薯、馬鈴薯、鳶尾、水仙、日本山茶、薯蕷、香菇等，也都有他精闢的見解。此外在書中經常穿插植物學的基本知識，如根莖葉、花、果實、種子的形態、解剖及功能等細節，生動而有趣。

《牧野富太郎：我與植物的爛漫誌》這本書翻譯較其發表的其他文集困難許

多，因為書中牽涉太多的植物名稱、學名、日本俗名及物種的辨別、比較及考證，這是植物分類學自古以來最為繁瑣困難的部分。全球約有三十多萬種植物，每一已知種類的學名多是自大航海時期以來由許多人到全球各地調查採集，再攜回標本館經由專家研究發表而來的。新種的發表須依據一定的規範，也就是《國際藻類、真菌和植物命名法規》，由國際植物學大會負責修訂，自一九〇五年開始，每隔六年隨著國際植物學大會的召開而修訂出版一次（最近一版的法規已超過250頁）。命名法規具有許多的條文、條款及建議，譬如新種發表需有證據標本（模式標本，存放在特定的標本館或博物館），某些年代需要以拉丁文描述，發表的書刊需有專業性及流通性；種名需拉丁化，由屬名加上種小名所組成（雙命名法），譬如牧野發現採自嘉義生毛樹庄（採集者為田中芳男，一九〇四年六月）的愛玉是新種，因此在東京《植物學雜誌》發表新的學名「*Ficus awkeotsang Makino*」，由榕的屬名「*Ficus*」加上臺語發音的「*awkeotsang*」（阿玉欉）種小名合成，之後接者是發表者的姓「*Makino*」（牧野），愛玉的模式標本目前蒐藏在東京都立大學牧野標本館。依據這些規則所發表的學名才是有效（正式）發表，只要不符合法規裡面的任一相關條文就會成為無效學名，等於白做工，他人可以重新發表。但是基於一物種僅能具有一個正確學名，因此同一種植物不能具有其他的學名，這與身分證字號相類似。實際上一種植物可能分布在許多國家及地區，各地區經常會有專家認為發現新種，而各自發表其有效新學名。但依據命名法規的優先權規則，即使是有效發表，也只有最早發表的才算是唯一的合法學名，像植物的命名可以追溯至一七五三年林奈的《物種誌》，即該書所記載的5940種學名為優先權的起始點。但是以前因為各地區間的文獻交流不易，根本難以知道一種植物在哪裡或在哪一時代曾被發表過，因此常會出現一種植物具有許多學名的問題，這時候就需要依賴某類物種的專家來蒐集、比較各地區的學名及標本，找出最早使用及正式發表的正確合法學名，合法學名以外的學名就被稱為異名。現代隨著標本及文獻數位化的普及化，這使得專家們較過去更容易找出每一種的唯一合法學名（特別是廣泛分布種）。學名以外使用不同語言所稱呼的名稱都屬於俗名，例如「愛玉」、「番薯」、「馬鈴薯」、「*Potato*」、「ジャガイモ」等，因此經常使用的「中文學名」一詞是不存在的。

再提一件有關命名的趣事，也就是書中所詳述的〈破門草事件〉，涉及「戶隱草」的發表一事。一八七七年東京大學成立時，由矢田部良吉擔任理部部生物學科首任教授、並負責管理附屬小石川植物園，他也創立了對日本及臺灣而言是最重要的標本館。他曾在戶隱山發現一新植物，俄羅斯植物學家馬克西莫維奇認定是日本的特有新屬，也是特有新種，因此以矢田為屬名，日本為種小名「*Yatabea japonica* Maxim.」，於一八九一年在東京《植物學雜誌》發表。但是經常在小石川植物園出入做研究的留英植物學者伊藤篤太郎於一八八三年曾將此同一植物命名為日本八角蓮「*Podophyllum japonicum* T.Itô」，發表在俄羅斯學術期刊上。他聽聞此種是日本新屬時，就先一步於一八八八年在英國的植物學期刊發表新屬名「*Ranzania*」，以記念小野蘭山（江戶時代的本草學家），同時將自己發表的日本八角蓮由八角蓮屬轉移至新屬內「*Ranzania japonica* (T.Itô) T.Itô」。依據命名法規的優先律，「*Yatabea japonica* Maxim.」為不合法學名，伊藤的新屬及新組合種才是合法的學名，因此一直使用到今日。這整個事件凸顯出命名法規這一國際法，是十分嚴苛無情的，必須嚴格遵守。這事件也曝露出即使在同一植物園，研究人員之間的不合也會造成分類學名的紛擾。

牧野的年代是日本植物學剛發展的時期，他對學名的看法自然會與現在有些出入。他在書中大部分都使用片假名或平假名拼出地方的植物俗名，或者以片假名拼出學名及古代歐洲的人名（有些只有姓），同一種植物的俗名在日本也會因地而異，加上那時使用的俗名已不為現代日本植物相關書籍所用，中國漢名或日本漢名已經全部不用了，因此要了解他書中所指的植物種類，需大費周章。另一方面書中所寫的有一大部分是屬於日本或歐亞大陸溫帶及寒帶的分布的物種，不是我們臺灣所熟悉的植物，也因此他的每一個俗名或學名，都需要先去舊書中查詢，再核對現在國際認可的正確學名。至於連俗名都沒有的植物，就需要依據內容去猜測他指的是什麼。由於翻譯需符合書中的內容，即使是過時的，只要他用到的學名都照樣保留。至於中文名稱最為麻煩也最為重要，因為一定需翻譯出來。原則上是如果一種植物中、日、臺都有，就優先採用臺灣常用的中名；如果只有中、日才有的，就使用中國的名稱；如果只有日本產的就用日本的古漢名。如果都沒有中名的物種，就新取一個中文名稱，這就需查出原始發表的文獻，看新種發表時命名的源由，或是依據拉丁學名的字義，再取一適當的中文名稱。如果臺灣或是中國使用的中文名稱不恰當，也會採用日本的舊漢名。

自古以來植物與人類的文明及生活有著密切的關係，雖然目前植物分類學是屬於冷門科學，但它是從人類探索世界以來最古老的一門學問。到目前為止超過38萬種植物是依據命名法規，經由數百年的探索採集、觀察比較、描述繪圖、公開發表等過程所命名出來的，這當然包含所有影響人類歷史文明或是引發戰爭的糧食、香料、藥用、工業用等的植物。牧野在書中集其一生的研究經驗、嫻熟廣泛的知識，引領讀者了解一則則精彩有趣的植物典故，名稱的雜亂，以及隱藏在其背後的歷史淵源，旁徵博引，生動流利，時而妙趣橫生。漫遊其境，可以吸收許多原本塵封已久的知識，還原了植物世界的紛紜萬象，同時更能體會出作者在人事時地物的理解與脈絡。

目次

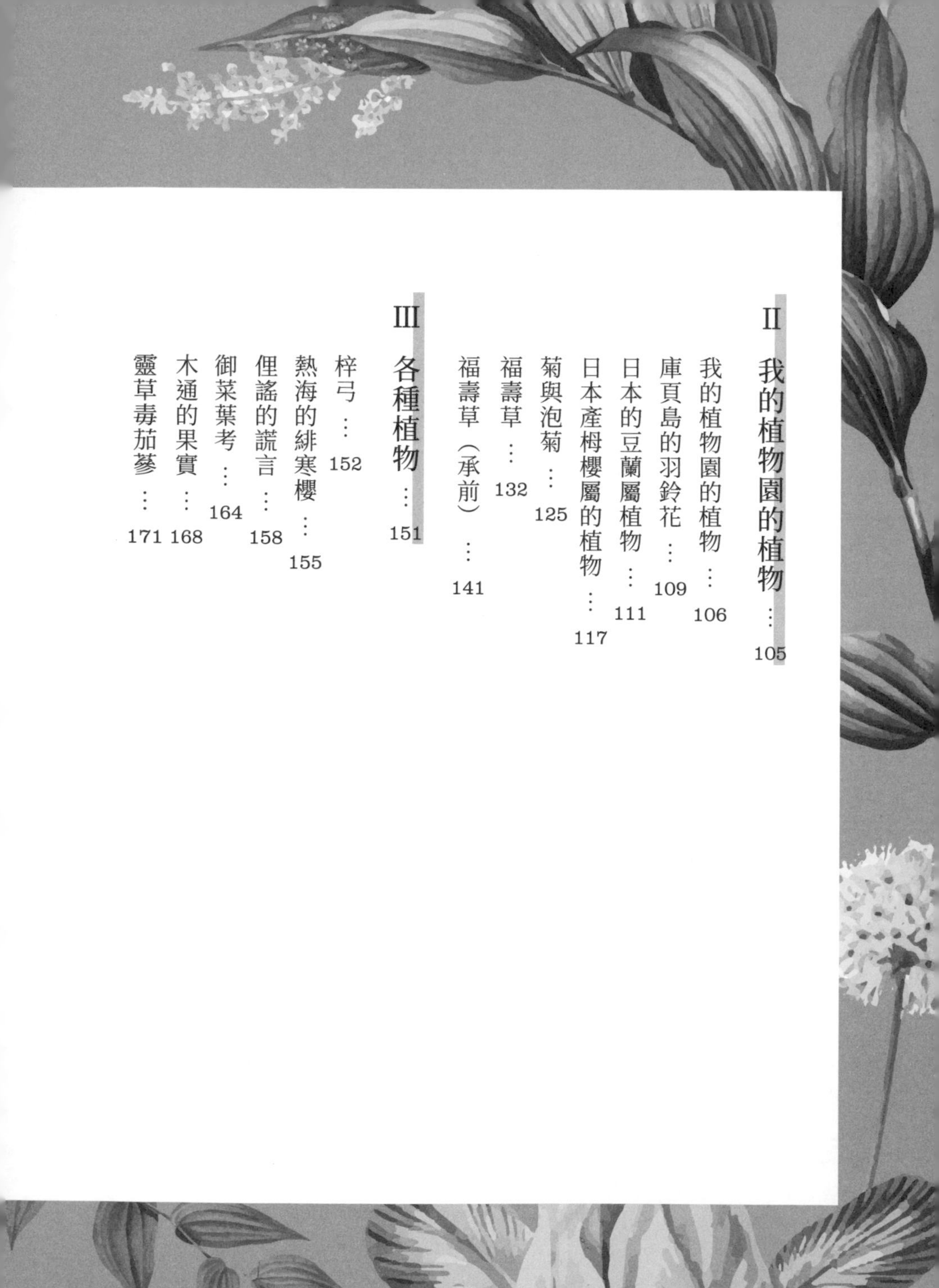

I

信手寫來

牧野寫生圖「海榴花」

我的童年

我屬狗，今年已經九十五歲了，但仍然很壯健。我非常討厭老態，所以我從來不曾自稱翁啊、叟啊、老啊。回顧過往，我誕生於土佐高岡郡的佐川町，呱呱墜地的那天是文久二年的四月二十四日，那天起我開始呼吸這個世間的空氣。

在我住的町中有不少士族，他們全都是佐川的統治者深尾家的家臣。我家是町人，家中經營雜貨及酒造業，後來只有做造酒業這行。

在我四歲的時候父親過世，六歲的時候母親也亡故。但是因為當時我的年紀很小，不記得父母的長相。再加上我是獨生子，既沒有兄弟也沒

文久二年：西元一八六二年。

町人：普通市民。

有姊妹，因此成為了孤兒。

聽說我出生的時候身體非常虛弱，家裡幫我雇用了一個奶媽。由於我是酒造的繼承人，我的祖母非常悉心地養育我。祖父則是比我的雙親稍晚，在我七歲的時候過世了。

我們家開的店名叫做岸屋，在佐川町是老字號之一，而且還被允許配戴短刀。我幼年時期的名字原本為誠太郎，後來改為富太郎，也就是我現在的名字。

那應該是在我七歲左右的時候吧，在距離我住的佐川町四里左右北方的一個名為野老山的村子發生了暴動。那是由於有種迷信認為異人會取人類的油而導致當地人慌亂鬧事，為了要平定騷亂，縣府派了官吏出差到現場，還逮捕了主謀者三人等加以處分，將他們斬首於鄰村越知的今成河原。

我記得那天天氣非常寒冷，我跟在看熱鬧的人群後面走了二里多，到暴動現場看。

一里：3927.27公尺。
異人：西洋人。

在那之後過了幾年，有一次我被帶到高岡町的親戚那裡，距離我住的佐川町東方四里多，高岡町再往東南方距離二里多有著新居海濱。我被帶去海濱，生平第一次看到海洋。打到海灘上的海浪相當地高，看著反覆不停地拍岸的那些浪頭捲起又崩倒的樣子，讓我覺得海浪是活生生的。

童年時代的我長得瘦巴巴的，肋骨根根可見，身體非常衰弱，朋友們都叫我蚱蜢（ハタットオ）來笑我。「ハタットオ」是蚱蜢的土佐方言，因為我就像蚱蜢一樣的瘦弱。此外，我又有某些地方很不像日本人，所以又被稱為「西洋蚱蜢」（西洋ハタットオ）。

我的祖母非常擔心體弱多病的我，煎了許多蝠蛾和天牛等的蟲啊、赤蛙等據說是治療營養失調或是寄生蟲的藥給我喝。

一直到很久以後，我的祖母在我二十六歲時，於明治二十年時過世，我因此變得完完全全孤單一人。家業方面完全交給掌櫃處理，此外我還有一個堂妹，她也幫忙做家事、繼續酒鋪的買賣，我一點也不喜歡顧店。

編註：原文為「くさぎの虫」，意指「臭木蟲」，「くさぎ」則是「海州常山」，學名為 *Clerodendrum trichotomum* Thunb. 的植物，翻譯則以常以海州常山為巢的蝠蛾、天牛等昆蟲表示。

地獄蟲

誕生於土佐高岡郡佐川町的我，在孩提時代經常到佐川町上方，金峰神社座落的山上玩。無論如何，山對小孩來說都是個還滿有趣的地方，可以帶著鐮刀去砍樹伐木，到了冬天就去架設「コボテ」、採蕈類或是分戰營玩打仗遊戲。

在這座金峰神社祭拜的是我們的「氏神様」午王大人。從山麓走石階往上爬一段還滿長的路之後會抵達神社的所在地，在社殿前面有相當廣闊的神庭，也就是廣場。

コボテ：kobote，方言，捕捉小鳥的陷阱。

氏神様：神明。

這座神社的周圍是森林，其中大多是常綠樹，除了面對神殿南方懸崖的那一面以外，另外三方都比神庭低，形成斜坡地，在那裡有樹林。西側斜坡的林子裡有一棵很大的椎栗樹，我們稱它為大椎。那是要一人半才能抱住一圈左右的又高又大的樹。

每逢秋天來臨，熟透的椎栗實落地之時，這座神社所在的山就經常會看到來撿拾椎栗實的小孩身影。

這裡的椎栗樹全部都是果實渾圓的品種，加以細分的話是圓椎，又名小椎，在地方上只是很單純的簡稱它為椎；只不過會把其中偶爾夾雜的果實比較大型的稱為藥罐椎；把雖然極為少見但非常小顆的瘦長型稱為小米椎。

再說回這棵大椎栗樹是生長在山坡斜面上，當然大家也會在樹下附近撿拾椎栗實。樹下方是很大的樹幹，但不太能夠照射到日光，堆積了許多落葉，既陰暗又潮濕。

有一天，我為了撿拾椎栗實而到這裡來，不停地撥開落葉尋找掉落的

椎栗樹：シイノキ（shinoki），又稱栲樹。

圓椎：コジイ（koji）或ツブラジイ（tsuburaji），又稱小椎，學名為*Castanopsis cuspidata* (Thunb.) Schottky。

藥罐椎：圓椎與長果椎雜交種，日文讀作「ヤカンジイ」，學名與圓椎相同。

小米椎：小米ジイ，圓椎與長果椎雜交種，學名與圓椎相同。

椎栗實，就在颯颯地撥開落葉的霎那，我「啊！」地一聲嚇了一大跳。在那有著不下數百隻的蛆在蠕動。那些是顏色淺黑，長度六、七分左右的蛆。那就像是沒有尾部，在廁所能見的蛆般的傢伙，牠們聚集在一起形成寬度大約一寸半的長帶，正在連綿、密集地扭來扭去！

我原本就非常討厭毛毛蟲，不論牠們有沒有毛都一樣，所以一看到這種景象的瞬間就感覺「真討厭、受不了！」而立刻離開那個地方，就算到了今天，也是只要一回想起來，當時整群蟲子一起扭動身體的光景就會立刻在眼前浮現，讓我全身起雞皮疙瘩。不過從那時起直到現在，不論在哪裡，我都沒有再次遇到那樣的蟲。

那棵大椎栗樹後來枯死了。我在二、三年前久違地回去故鄉時前去看那棵樹，但它已完全消失無蹤。

我夥同佐川町的學友堀見克禮說了看到那些蛆的事情。雖然他跟我說：「那是地獄蟲喔」，但是在那個時候，我不知道跟我同樣是小孩的他為什麼會知道那個名字，又或者那是他當下以機智的創意隨口說出來

一分：0.30303 公分。

一寸：3.0303 公分。

毛毛蟲：方言為イラ。

的。即使到了現在，我也還是沒有弄清楚，因為他已經過世了，事到如今沒有辦法確認。可是無論如何，對於棲息在陰暗潮濕的落葉下面的黑色蛆來說，地獄蟲這個名字真的可說是名符其實，非常貼切啊！

在我看來，這種蛆應該是某種蠅的幼蟲才對，要是有研究蛆的學者知道那可能是哪一種的話麻煩請跟我說。到目前為止我有請教過二、三位專家，可還是沒有得到讓我滿足的答案，讓我一直不太滿意。

現在我國的昆蟲界人才濟濟，總該會有能夠幫我解惑，告訴我：「嗯，其實那一點也沒什麼，就是○○喔」的人吧！不過假如很不幸地真的沒有的話，我就會很想告訴日本的昆蟲界，還存在著這樣的未知世界。

順帶一提，這裡讓我覺得很有趣的，是面向這座金峰神社的庭院，西邊是一層石壁，我回想起來在我年輕的時候，在那層石壁之間長著腎蕨。那不是人為種植的。腎蕨原本是濱海地區的蕨類植物，會隔著幾重山生長，在距離海洋有四里多深處的這個地點生長，是很難得的事。可是很遺憾地，如今它也早就滅絕，而這全都已經成為過去的故事了。

現在還有一件讓我感興趣的事，在距離佐川町很遠的北方有個叫做「下山」的地方，在沿著流經該處的柳瀨川路邊岩石上，長著野生的海邊植物——日本石竹。這是我少年時代的事情，現在那個地方也早就已經看不到那種植物，這也成為過去的回憶。

日本石竹：又稱濱瞿麥，學名為*Dianthus japonicus* Thunb.。

狐狸的屁球

我在童年時期經常到故鄉佐川附近的山上去玩耍。有一次，當我在昏暗的椎栗樹林中颯颯地踩踏著落葉往前走的時候，看到了奇怪的東西。有個足球大小的白色圓球從落葉之間探出頭來呢！我邊想說：「那是什麼啊！」邊戰戰兢兢地靠過去。不過那個東西並沒有任何動作，只是靜靜地一動也不動。

「啊哈，這應該是怪物級的蕈類吧！」我直覺這樣認為，然後伸出手去摸了那顆白色的球。於是從它的質地，我確認那絕對就是個菇。「原來也有這種奇怪的菇呢，真是驚人啊」，我感到非常的驚奇。

狐狸的屁球：原文為キツネノヘダマ（Kitsune no hedama），意為「狐の屁玉」，即日本禿馬勃。

回到家以後，我跟祖母說了我在山上看到的怪物級蕈菇之後，祖母也是感覺很不可思議地說：「有那種奇妙的菇類啊？」聽到我們對話的女佣說：「那個啊，應該是『狐狸的屁球』吧！」

我聽到之後嚇了一跳，轉過頭去看女佣的臉。然後女佣又說：「那個一定是『狐狸屁』啦！在我故鄉那邊也叫他『天狗屁』（天狗的屁眼）。」由於這位女佣知道各種草和蕈類的名字，經常讓我感到挫敗。

有一次，我從小鎮邊的小河採了水草放到庭院裡的大缽裡面讓它漂著，不過我並不知道那是什麼水草。然後這位女佣說：「這種草，應該是異匙葉藻吧！」讓我吃了一驚。在那之後，我在高知買的《救荒本草》這本書中，看到上面有一種叫做「眼子菜」的植物，它的別名為異匙葉藻，就跟女佣說的一模一樣。

我在山裡面看到的日本禿馬勃，日文名為狐狸屁，是個很奇妙的名字。它又稱為天狗屁，是一種蕈類。它雖然稱為「屁球」，卻不像屁那樣有著惡臭，而且能拿來食用。這種蕈類是經常突如其來地以白白圓圓的

譯註：臺灣的近緣種叫做牛屎菇、雷公屁、馬糞包，可以當日文名參考。

異匙葉藻：學名為 *Potamogeton distinctus* A.Benn.。

形狀出現在地面上的怪物。

每年到了五、六月，經常可以在竹叢、樹林下面或是像墓地般的地方看到它們。它們的尺寸大約可長到人頭那麼大。先是很小，接下來逐漸鼓脹，還會長到讓人意外的巨大。它們小時候的顏色是白色、有肉質的、中間很飽實，像是容易破掉的豆腐那樣，然後再逐漸變色，最後變成褐色、蓬鬆，從中間冒煙散放到空氣中，而這種煙其實就是孢子，將它稱為孢子雲也沒什麼不對。

深江輔仁在距今一千年前完成的《本草和名》中，將這種蕈類稱為鬼瘤（オニフスベ）。雖然這個名字的意思也可以認為是「燻鬼」，不過我覺得「フスベ」應該是指「瘤」。換句話說，可以推測鬼瘤是「鬼的腫包」。結實隆起，因為鬼的身體很結實粗壯，所以就算長著很大的腫包也沒有關係。然後，要是有人將它解釋為要燻鬼的話，我只能說那個人的想法是基於很淺薄的想像而已。

這種鬼瘤該趁它還嫩的時候食用。在距今大約二百四十年前的正德五

鬼瘤：就是日本禿馬勃，又稱燻鬼，學名為 *Calvatia nipponica* Kawam. ex Kasuya & Katum.。

正德五年：西元一七一五年。

年發行的《倭漢三才圖會》中寫著：

「有薄皮、灰白色、肉白、極似松露，煮後可食，味道淡泊甘甜。」

在這個時代已經知道這種蕈類可食用，是很有趣的事實。

此外，這種被判定為日本特產的蕈類，首次發表其學名的人是川村清一博士。

《倭漢三才圖會》：由大阪醫師寺島良安編纂，應該是成書於正德二年（一七一二年），作者在後文也都有提到，此處應該是筆誤。

私塾時代

明治四年，我十歲左右的時候在私塾學寫毛筆字。這個私塾位於佐川町的西谷，我在這裡跟著土居謙護老師從最基礎開始學習。

在那之後過沒多久，我換到佐川町很偏遠的地方——目細的私塾。這個私塾是由伊藤蘭林（德裕）老師主持。

到這個私塾學習的都是武士的子弟，町人只有一個叫做山本富太郎的男子，以及我牧野富太郎而已。也就是說，同時有二個富太郎成為他的門生。

在那個時候，武士和町人之間還有很清楚嚴格的區別，武士的孩子坐

明治四年：西元一八七一年。

在上座，町人的小孩被規定坐在下座。吃飯的時間也是分開坐，打招呼問候等也是如此，武士是武士流，町人照町人的做法。

後來我進了名教館這座學校。在這裡學習的教科書是福澤諭吉的《世界圖盡》、川本幸民的《氣海觀瀾廣義》、《輿地誌略》、《窮理圖解》及《天變地異》等等。

明治七年，明治政府頒行小學令，在日本全國設置了小學，佐川町也有了一所小學，我在這裡入學。當時的小學分成上等、下等兩個階級，上等有八級，下等也有八級，全部一共是十六級。只要考試過關就能夠往上晉級，功課好的孩子則可以接受臨時測驗，一級一級的往上升。雖然我在學校的成績很好，不停晉級，一直到最上面的上等高級去，但是到即將畢業的明治八年時就退學了。我在冠有學校兩個字的地方學習期間，總共只有這兩年多的小學而已，而且還沒有畢業。

我少年時代決心要以學問立身的動機，應該是因為我讀了福澤諭吉的《勸學》這本書吧！這本書是當時日本全國都在閱讀的名著。

明治七年：西元一八七四年。

明治八年：西元一八七五年。

明治十年，在西南戰爭打得最凶的時候，我成為佐川小學的代理教師，成了執教鞭的人。月薪為三圓。

在這個時期，從高知縣廳送來三箱長持左右的外國書籍到佐川町來，隨之而來還有兩位英文老師。一位老師名為矢野矢，另一位名為長尾長。兩位老師的名字都很少見。

我跟著這兩位英文老師開始學習英文。在這個時候，是藉由《卡肯伯斯的英文文法》、《皮內歐的初級英文文法》、《古德里奇版歷史書》、《帕利版萬國史》、《米契版世界地理》、《居約版地理》、《卡肯伯斯版物理學》、《卡肯伯斯版天文學》、等的英文書學習。字典則是使用《愛卜斯塔版字典》或是薩摩辭典。在那個時期，只要講到英和辭典就是指薩摩辭典。此外，也有羅馬字的《赫本版字典》。

明治十年：西元一八七七年。

一圓：明治時期的一圓大約為現在的二萬日圓。

長持：裝衣服、日常用品的有蓋、長方形的大箱子，通常是木製。在搬運的時候會用桿子穿過箱子兩端的環，前後各一人的扛。

《卡肯伯斯的英文文法》：First Book in English Grammar，卡肯伯斯（George Payn Quackenbos，一八二六－一八八八）翻譯，是紐約一所學校的校長，著有英文作文或美國史相關等初等中學用的教科書。

《皮內歐的初級英文文法》：Pinneo's Primary Grammar of the English Language：For Beginners，T. S. Pinneo 著。

《古德里奇版歷史書》：グードリッチの歷史書，山謬爾・格里斯沃德・古德里奇（Samuel

後來我認為「假如想做學問的話，在鄉下實在是不夠的，一定得到更便利的都會去才行」，於是便辭掉小學老師的工作，離開高知。然後進入名為五松學舍的私塾。這個私塾是由弘田正郎老師開辦的，位於高知市的大川筋。我在這個私塾讀了植物、地理與天文的書。私塾講授的課主要是漢學，在這個時期我很熱衷於吟詩。詩有著起承轉合的結構，在轉句的部分要改換音韻還真是相當難。

不久之後，高知霍亂大流行，我逃回故鄉佐川。當時是把霍亂稱為虎列拉（cholera）。人們把石炭酸（又名苯酚）裝在墨水瓶裡隨身攜帶，時不時把石炭酸往鼻孔裡面擦，用這樣來預防霍亂。用石炭酸抹鼻孔的時候會很刺痛，讓眼淚不禁流出來。

又再過不久，我認識了在那時候從師範學校轉任到

Griswold Goodrich），其實就是彼得・帕利（Peter Parley）的筆名。

《帕利版萬國史》：Peter Parley's Universal History, on the Basis of Geography，彼得・帕利著。

《米契版世界地理》：Mitchell's Geographical Reader: A System of Modern Geography, Comprising a Description of the World，奧古斯都・米契（Augustus Mitchell）著。

《居約版地理》：The Earth and Its Inhabitants: Common School Geography，一八七一年居約（Arnold Guyot）著。

《卡肯伯斯版物理學》：Natural Philosophy，卡肯伯斯著。

《赫本版字典》：ヘボンの辞書，赫本（J. C. Hepburn，一八一五－一九一一）是美國的傳教士和醫生，於幕末一八五九年來到日本，在橫濱邊進行基督教的傳教及醫療活動，邊編著了日本最初的和英辭典《和英語林集成》，把《聖經》翻譯成日文、開辦後來成為明治學院的英語私塾，是日本近代化的推手之一。

高知的永沼小一郎老師。與他熟識後，成為我把一輩子奉獻給植物研究的動機。

永沼小一郎

現在已經成為故人的永沼小一郎是我最親近的師友，也是世上罕見的博學天才。他出身於丹後舞鶴，於明治十二年從神戶的兵庫縣立醫院附屬學校轉來土佐高知市的學校，在土佐高知市的縣立中學、縣立師範學校執著教鞭，當老師當了很久一段時間。他把土佐視為第二故鄉，住在高知非常多年，後來於明治三十年辭去教職到東京去，住在小石川區巢鴨町。

他是世間難得的博學之士，廣博各科學問、樣樣精通，而且不只是一般知識，而是學識博大精深，講解任何事物都能讓大家點頭如搗蒜。

明治十二年：西元一八七九年。

明治三十年：西元一八九七年。

文部省的教員免許狀他也有七、八種。就像這樣，他在各方面的學問底子都很深厚，能夠在高知兼任縣立醫院的藥局長也是有道理的。在那個時候，學校教師兼任藥局長的人只有他一個，沒有前例。

他精通和漢學與洋學，不論是科學、文學樣樣都行，晚年還說由於音階的聲音震動數不規則，所以必須要改正為正確振動數的音階才行，並且非常熱衷投入研究並持續做計算，只可惜在還沒有公開發表之前便已經辭世。

我在永沼小一郎轉任到高知之後，從他那裡學到很多。他的英文很強，精通西洋的科學，特別是植物學，也翻譯了包爾福著的《植物學》、班特利的《植物學》等高知師範學校中的藏書。我和永沼經常從清晨到深夜為止都熱衷地討論學問。我想和永沼討論與交流學問的這段時間，成為我後來的植物學研究基礎。

教員免許狀：相當於教育部的各類教師資格。

約翰・赫頓・包爾福：John Hutton Balfour，一八〇八－一八八四，蘇格蘭的植物學家。

羅伯特・班特利：Robert Bently，一八二一－一八九三，英國的植物學家。

關於看到鬼火

應該是在明治十五、六年，我還只有二十一、二歲左右的時候吧。當時我經常從高知（土佐）走七里的夜路返回西方的老家佐川町。

由於那時我對於在半夜走路回家這件事感到十分有趣，所以經常這樣做。有時候是自己一個人，有時候則是和兩三位朋友同行。

某個夏天，我一如往常地獨自從高知走向佐川。在距離我的老家沒有很遠的加茂村一個叫做長竹的地方，有著往南的國道。北國道的兩側是低矮的山，對面的山則比兩側還要高。在漆黑的夜裡沒有風，非常的安靜。

明治十五、六年：西元一八八二、八三年。

大概是半夜三點左右，當我看往對面的時候，突然看見高空上有個火球從西方往東邊水平飛來。我先是愣了一下，看著看著就覺得那應該會撞到山上的樹或是岩石上。那個火球像是煙火的火焰般，火花四散瞬間消失，之後就又是漆黑一片。那個火球的顏色感覺起來稍微帶點紅色，不是蒼白的光。

下一次再看見的日期應該距這次沒有差太遠，也同樣是在暗夜之中從高知回老家的途中，有條經過岩目地的低矮山丘南側的小路。在這個山丘上有樹林，那裡有個小神社，當地人稱之為御龍大人。這個神社的下方有條通路，是從國道稍微往南一點的岔路。在這條路的南方一帶是有水的濕地，繁生著許多小灌木和水草等，沒有農田，那附近也沒有半戶人家，是距離有人煙的地方相當遠的寂寥場所，東南方有山丘，在那個山麓有小河流過，環繞著前述所說的溼地。

在某一年的夏天深夜大概三、四點左右，我在御龍大人下方的道路突然看向對面的時候，看到在東南一町左右的濕地有灌木等繁茂生長的附

一町：大約 109 公尺。

近，有一個位於低處的靜靜火光。那團火的光很微弱、安靜地像是沉在低處一般。我直到現在也還認為那是一個陰火（鬼火），因為那是據說經常會有「ケチビ」出現的地域。

接下來大概是在明治八、九年左右，我在佐川町看到的火球。剛入夜時我還在佐川町玩，看到在町內的人家與人家之間有個火球。那是光芒很微弱的大圓球，看起來很像是淡淡明月般的火球。這個火球從上方斜斜、緩慢的往下降到接近地面的時候，就被人家給遮住看不見了。火球消失的地方稱為新町，其外側是向東，那裡有著連綿的稻田。

此外，在四國有著以經常出現陰火而知名的土地，位在德島縣海部郡日和佐町的附近。那裡有一條河，據說就是在那條河邊時不時會有陰火出現。假如想要研究陰火的話，到那裡去看看應該會很有趣。

ケチビ：Kechibi，在土佐是這樣稱呼陰火。

明治八、九年：西元一八七五、七六年。

佐川的化石

我的故鄉佐川，因為出土貝石山、吉田屋敷及鳥巢等化石珍品，所以是知名的化石產地。

姓瑙曼的外國礦物學老師、我國的地質學大老小藤文二郎博士等，也經常為了要採集化石而造訪佐川。

小藤博士到佐川來的時候，還是書生的我卻非常喜歡老師穿著的鼠色（深灰色）晨禮服。我當時想著哪一天也要穿穿看那樣帥氣的西服。

於是在我陪著小藤博士出外採集化石的時候，我就問他能不能借一下晨禮服。

瑙曼：Karl Friedrich Naumann，一七九七－一八七三，一八七五年他二十一歲的時候到日本，到一八八五年為止住在日本十年，留下許多功績。他是日本東京大學理學部的地質學教室（地質學系）的第一代教授，教古生物學。

書生：讀書人。在日本主要是指於明治、大正年間住在別人家中學習也負責做雜務的學生。

晨禮服：morning dress，男性最高級的禮服之一，起源自十八世紀英國貴族的騎馬裝束，到十九世紀逐漸成為日間出席高級場合時的服裝。

我立刻就帶著那件晨禮服去西服店，訂做了與之相同的晨禮服。佐川町的人們有著親近科學的風氣，我認為那應該是像這樣的大師造訪此地後帶來的刺激。

我也很常採集化石。在佐川有位名為外山矯的人，他是很有名的化石蒐集家，學者只要來佐川，就會請他幫忙。

在佐川出土的貝類化石中，有個叫做「魚鱗蛤」的珍品，那是從佐川發現的化石中非常值得紀念的一件。

在那個時期，我對於佐川町的人們透過化石親近科學的風氣感到很開心，率先在佐川創設了理學會。

這個理學會很熱絡的舉辦討論會、演講會。使用佐川町內的小學當會場，佐川町有許多年輕人都是會員。

我也拿我在東京購買的科學書來給大家看。

指導這個理學會的我由於想到要「發行會報、刊登大家的意見」，而發行了《格致雜誌》這份雜誌。「格致」是「格物致知」（窮究事物之理加

魚鱗蛤：又稱三疊紀化石，學名為 *Daonella sakawana* Mojsisovics。

深知識）的意思，是我的發想。

這份雜誌的第一號是我自己用毛筆寫在半紙上的傳閱雜誌。因為當時在佐川町中還沒有印刷所等的地方。

在這份《格致雜誌》的第一號中，刊載著各種跟化石有關的事情。

半紙：和紙的規格之一，長二十五公分、寬三十五公分左右。

脫離自由黨

在我的青年時代，土佐是自由黨的天下。甚至還有像「自由出自土佐山間」這樣的語句，讓土佐人的氣勢非常高昂。

自由黨的中心人物是當地大前輩板垣退助，所以土佐就像是代表自由黨的國度。「縱使板垣死，自由也不亡」是這位大前輩的怒號、口號。

我的故鄉佐川町內全都是自由黨員，我也是熱心的黨員之一，讀了相當多跟政治相關的書籍。特別是史賓賽的書等是我的愛書。

「人類是自由的，應該要具有平等的權利。日本政府也必須尊重自由。以壓制為手段的政府，應該要打倒。」

赫伯特．史賓賽：Herbert Spencer，一八二〇－一九〇三，英國哲學家、社會達爾文主義之父，提出將「適者生存」應用在社會學，尤其是教育及階級鬥爭上。他在一八八二年造訪美國時，日本也有熱烈的史賓賽風潮，譯有許多他的著作和論文。

就像這樣的，氣勢高昂。

在那之後，在這個村、那個村都舉辦了自由黨的懇親會，志士競相登上講壇發表攻擊政府的演說。我也經常出席這些懇親會，裝腔作勢地談論時局。

不過，我想到「我又不是要以政治立身。我的使命是要專心做學問報國」，因而領悟到自己其實應該要把用在討論政治的時間放在植物研究上才對。

於是我就決定要從自由黨退黨。自由黨的同志們也了解我的決心，允許我退黨。

關於從自由黨退黨這件事，在我的回憶中，這次的退黨是在很戲劇性的情況下進行的。

我決定要退黨之後，就計畫著要很戲劇性地做這件事，並拜託紺屋幫我做了一面大旗子。那面旗子上畫著魑魅魍魎被火燒然後逃走的景象。

那時候正好在鄰村越知村舉辦自由黨大會，會場在仁淀川的河原。那

紺屋：染坊。

片河原是很美麗又很廣闊的地方。

我聚集了佐川町的同志，把前述那面奇妙的旗子捲起來混進大會場。我們的夥伴有十五、六人左右。

進入會場後，看到各村的辯士一個接著一個的輪流上台、下台，進行熱烈的辯論。

在最熱烈的時候，我們拿出帶來的大旗表示退黨的意願，邊大聲唱歌邊離開會場。大家都瞠目結舌地目送我們離開。

那面旗子應該到現在都還被保存在佐川町之中。

初次到東京旅行

明治十四年四月，我離開故鄉佐川，到文明開化的中心地東京旅行。在那個時候，到東京旅行的這件事情，簡直就像是要去外國一樣。我在許多人來送別後出發了。

同行者是以前擔任家裡掌櫃的佐枝竹藏的兒子佐枝雄吉，以及很正直的會計。

當時是四國還沒有鐵道的時代，所以得從佐川町徒步到高知，再從高知搭乘蒸汽船走海路前往神戶。這是我有生以來第一次搭乘蒸汽船。

我從瀨戶內海的海上看到六甲山的禿山時嚇了一跳。起初我還以為那

明治十四年：西元一八八一年。

是積雪，因為土佐沒有任何一座山是光禿禿的。

由於從神戶到京都有著稱為陸蒸汽的蒸汽火車，我們就乘其前往京都。從京都開始就是徒步，從大津、水口經由土山越過鈴鹿峠再前往四日市。沿路上我發現許多沒看過的植物，感覺非常驚奇。在初次看到黑櫟的時候我真的嚇了一跳。由於實在是太過罕見，我就把它剛發出來的芽放到茶筒裡面寄回故鄉，想要種到庭院裡。在越過鈴鹿的時候看到大果山胡椒正在開花，又因為太稀奇而很珍惜地放進包包帶到東京去。

從四日市再度搭上蒸汽船前往橫濱。這個汽船是經由遠州灘前往橫濱的外輪船。所謂外輪船是在船的兩側有大型水車轉動的船。汽船的名字稱為「和歌浦丸」。我們在三等船艙中滾來滾去，過了幾天之後抵達橫濱。從橫濱到新橋為止便搭乘陸蒸汽。

我在新橋站下車的時候，完全震懾於東京的繁華。其中最讓我驚訝的是人之多啊！

我們在神田猿樂町下腳，每天都在東京觀光。由於當時東京正好舉辦

黑櫟：學名為 *Quercus myrsinaefolia* Bl.。

大果山胡椒：學名為 *Lindera praecox* (Siebold & Zucc.) Blume。

勸業博覽會，我們也順便去參觀。

帝國飯店現在的所在地在當時稱為山下町，在這裡有個叫做博物局的公務機關，當時擔任局長的是田中芳男先生。他後來成為男爵，擔任貴族院的議員。我拜託田中芳男先生跟我會面，他很爽快地答應，並命令他的部下小野職愨、小森賴信這兩位植物負責人作為嚮導。這位小野先生是小野蘭山的子孫，我也請他們讓我參觀植物園。

我想要趁著來東京之便到有名的日光去走走，在五月底就從千住大橋開始沿著日光街道往日光走，途中在宇都宮住了一晚。在有名的杉樹大道上，有人力車來來往往。

在中禪寺的湖畔，我發現在石堆之間長著很像韭菜的植物。我認為這種植物應該是單花韭，不過由於我後來都不曾聽過有誰在日光採集過單花韭，所以直到現在我還抱持著疑問。

從日光回到東京之後，我立刻整理行李準備回家。我計畫回程要走東海道由陸路前往京都。那時從新橋到橫濱為止是搭陸蒸汽，那之後則是

小野蘭山：一七二九—一八一〇，日本江戶時代的植物學家及醫生，為本草學專家。一八〇三年，發表《本草綱目啟蒙》，他蒐集並整理了草本在醫學上的應用，共四十八卷，此書使其獲得了「日本的林奈」之稱。

單花韭：日文漢字寫作「姫韮」，學名為 *Allium monanthum* Maxim.。

徒步。有時候則搭乘人力車或是馬車。花了一星期左右抵達關原之後，我想要爬伊吹山看看，就和其他人約好在京都三條的住宿處會合，獨自前往伊吹山。我住在在伊吹山的山麓經營藥材業的人家裡，便請他帶我上山。伊吹山中長著各種各樣的珍稀植物，所以我採集了非常多。但是由於當時還沒有胴籃這種採集用具，我只能把採集來的植物夾在紙張之間整理。我在伊吹山發現了伊吹堇菜這種珍稀植物。

由於我實在採集了非常多的植物，行李堆積如山，讓我對於如何搬運傷透了腦筋。就連堆在我借住人家的庭院中的栓皮櫟材薪，也因為稀奇而被我放到行李裡面去。

從伊吹山到長濱為止是搭汽船橫渡琵琶湖，到大津出來再進到京都。然後再到三條的住宿處和同伴會合，平安地返回佐川。

伊吹堇菜：學名為 *Viola mirabilis* L. *var. subglabra* Ledeb.。

栓皮櫟：學名為 *Quercus variabilis* Blume。

狐狸窩

明治十七年，再度上京到東京定居的我，在飯田町的政府高官——山田顯義的宅第附近找到了下宿。當時的月租是每個月四圓。

由於在我租的房間中有採集來的植物、報紙和泥巴等散亂在各處，所以經常被說「牧野的房間簡直就像是狐狸窩」。

我很幸運地被允許進出東京大學的植物學教室，讓我得以方便研究。植物學的松村任三老師和動物學的石川千代松老師等都很常造訪我這個狐狸窩。

其中又最常來的，是當時還是植物學科學生的池野成一郎。

明治十七年：西元一八八四年。

下宿：租的住處。

四圓：換算大約是現在的八萬圓。

每次池野到我的下宿來就會立刻把上衣脫掉，躺下來把頭靠在地上，兩腳高高地翹起來靠著床柱，絲毫沒有顧忌，就像在自己家一樣。我們兩個人的交情就是如此之好。

當時在本鄉的春木町有間叫做梅月的菓子店，賣著稱為「胴亂」，像是栗子饅頭般的甜點。因為形狀像放菸草的胴亂，所以才有了這樣的名字。非常好吃，我和池野兩個人經常吃這個甜點。

池野成一郎是極為聰明的男子，也是外文的天才，特別是法語非常好。英文等則是上廁所時隨便看一看就會記住了。

那個時期我只要對東京的生活感到厭煩就會回到故鄉，對故鄉的生活感到無聊的時候就又回到東京的狐狸窩，大概每隔一年就會在故鄉和東京之間來回往返。

經常到我下宿來玩的朋友之中，還有市川延次郎（後來改姓田中）及染谷德五郎兩位男性。他們都是東京大學植物學教室的選科學生。

市川延次郎是很能幹的男性，也是相當的「通人」。染谷德五郎則是

胴亂：ドウラン（douran），採集植物標本用的背箱。

通人：博學多聞者。

很喜歡提筆的男性，我和他的交情又特別好。

市川延次郎的家位於千住大橋，家裡是賣酒的店，我經常到市川的家去玩，一起吃我們很愛吃的壽喜燒。

有一次，市川、染谷和我三個人商量後決定要刊行植物雜誌。

三個人在寫完原稿，也把版型什麼都弄好之後，終於到了出版階段。那時候我們想說還是應該要獲得植物學教室的矢田部教授的理解才行，就跟矢田部教授報告了這件事。

矢田部教授大為贊成，還提出應該要把這份雜誌當成東京植物學會的期刊之意見。

就這樣的，在明治二十一年，以我們三個人製作的雜誌為基礎，再加上矢田部教授的修改，便發行了《植物學雜誌》的創刊號。

當時這類學術雜誌只有《東洋學藝雜誌》而已。白井光太郎等人就一直很擔心，希望這份雜誌能夠持續下去。

在《植物學雜誌》發行之後過了不久，《動物學雜誌》、《人類學雜

明治二十一年：西元一八八八年。

誌》等也都接二連三地發行了。

以我來看，《植物學雜誌》是武士，《動物學雜誌》是町人。因為《植物學雜誌》的文章是雅文體，文字精煉；《動物學雜誌》的文章則很幼稚，水準差了相當多。

《植物學雜誌》的編輯方法是設置編輯幹事，每年輪流擔任。堀正太郎擔任編輯幹事的時候主張要橫書，所以雜誌只有在他擔任編輯的那一年會變成橫書。

原本雜誌每一頁的內文都被框線圍著，感覺很整齊、很舒服。但是不知道在什麼時候這些線卻被刪除了。我至今也還是認為雜誌被框線圍著比較好。

我在狐狸窩中努力不懈地寫著用來刊載於這份植物學雜誌上的論文。此外，隨著對植物知識的增加，我也想要自己編撰《日本植物誌》。雖然在繪製植物的圖或是寫文章方面我是完全沒問題，但是在將它們製版的時候卻遇上困難。

我起初打算在故鄉土佐出版這本書。因為如此，我認為得自己習得印刷技術，於是我花了一年的時間在神田錦町的小石版店學習石版印刷的技術。然後也買了一臺石版印刷的機器，將它帶回故鄉。

不過後來我注意到，出版果然在東京才會方便得多，在故鄉做的計畫就中止了。

我的這個志向在明治二十一年十一月結實，我靠一己之力，自己出版了《日本植物志圖篇》第一卷第一集。根據我的想法，圖會比文章要容易懂，所以才會先出版圖篇。

這次的出版對我來說真的是苦心的結晶。我很自豪地認為這是可以向世界誇傲的佳作。

明治二十一年：西元一八八八年。

三好學博士

把生理學、生態學導入日本植物學界的功臣三好學博士，雖然是以櫻花博士而知名，但我和三好學卻是從青年時代以來的死黨。

在我剛開始出入東京大學植物學教室的時候，三好學、岡村金太郎等都還是學生。三好和我的感情很好。

說到三好是什麼樣的人，應該可以說是很不擅長和人打交道，但個性很好的男性。

岡村金太郎的個性則和三好正好相反，是非常灑脫的男性，感覺起來就是個純正的江戶男兒，非常爽朗直率。

三好和岡村經常吵架。有一次，岡村把書庫的鑰匙弄丟了，感到非常傷腦筋。但是卻由於三好把這件事情跟矢田部教授打小報告等等，他們兩個人大吵了一架。我總是在當他們吵架時的仲裁者、和事佬。

我經常和三好一起到東京近郊採集植物。有一次三好的同鄉森吉太郎到東京來，我們便三個人一起到平林寺去採集植物。

當時交通極為不便，從西片町的三好家出發，走的是經由白子、野火止、膝折再到平林寺的路線，來回走了十里多。

我記得那時候在平林寺的附近首次採集到鹿茸草，我第一次看到它，因為那是四國沒有的草。而在那時候三好一看到這種草就立刻說：「那個應該是鹿茸草吧」，讓我很驚訝。

鹿茸草：又稱篝火草，學名為 *Monochasma sheareri* (S. Moore) Maxim. ex Franch. & Sav.。

池野成一郎博士

昭和十三年，東京日日新聞社曾經以「論朋友」的題目徵求各方人士的投稿。我也接受這個委託交出一篇文章，在這份報紙上刊登的時間是四月二十三日。在那個時候，我寫了這樣的內容。

東京大學植物學教室從距今五十三年前的明治十八年，首次送出植物學畢業生至今，培育了將近三百位攻讀植物學的理學士。在其中也包括畢業於明治二十三年的理學博士池野成一郎。

我是在明治二十六年獲邀從民間進入東京大學當助手，但是在那之前的明治十七年以來，就跟植物學教室的大家都是朋友。其中又以和池野

昭和十三年：西元一九三八年。

明治十八年：西元一八八五年。

明治二十三年：西元一八九〇年。

明治二十六年：西元一八九三年。

助手：同臺灣的講師。

彼此沒有隔閡，交往得最為密切。應該是由於我們兩個人很自然地合得來，也就是所謂的意氣投合吧！我們經常相約到東京郊外去採集植物，明治二十一年首次發現產於日本的「東爪草」，也是我和池野在大箕谷八幡下的農地一起找到的。

他畢業那年秋天，我們兩個人為了採集而從東京出發前往東北，但是在出水時火車卻不通了，我們只好從小山車站離開水戶，再由磐城一路往北走到仙台，總算也爬了陸中的栗駒山。日暮天黑，住在從水戶往北大約七里的下孫的鬱悒宿屋，在平潟時被旅宿的女佣訛詐了我們的茶資；在磐城湯本的宿屋被招待據說是當地最上等的黑砂糖製的零食等等，現在也還是我們想當年的聊天話題。

池野成一郎極為聰明，做學問也非常優秀，具有發現蘇鐵精蟲的著名業績。平瀨作五郎發現銀杏的精蟲，其實也可以說是託了池野之福。池野不但有著豐富的學識，還精通法文、德文及英文等多國語言，現在主要從事由學術研究會議發行的國際性期刊《日本植物學輯報》的編輯，

明治二十一年：西元一八八八年。

東爪草：學名為 *Tillaea aquatica* L.

也是帝國學士院的會員。

池野從一開始對我就比別人親切許多，也因此我對他最感親近。在我還沒成為大學的職員之前，我撰寫了民間的《日本植物誌》，大概是明治二十四年左右正要發行的時候，受到當時的大學教授矢田部良吉博士施加壓力（想要阻止出版），我對抗他並且奮戰，當時那本書之所以能夠持續刊行，是受到池野非常大的幫助。他對我的同情以及與我之間的友誼，是我永生不會忘記的。

他畢業之後就很少在大學的植物學教室中露臉，只有偶爾出現一下。他跟我說：「我是因為有牧野你在我才去的呢」的時候，我覺得無比開心，也認為他非常可靠。

他特別喜歡吃甜點，不論是十個二十個都是輕輕鬆鬆吃下肚。而且他吃東西的速度超級快，一起去吃壽喜燒的時候，要是一個不注意，就會有通通被他吃光的危險。

很不幸地，池野於昭和十八年十月四日過世了。享年七十八歲。我在

明治二十四年：西元一八九一年。

昭和十八年：西元一九四三年。

他過世的幾天前還和野原茂六博士一起帶著一盒他最喜歡的虎屋餅菓子去探望他，他立刻就拿起一個放到嘴裡，說剩下的要等一下慢慢享用，然後把點心先寄放在護士那裡，我們兩個人都覺得很開心，到現在我還記得。

餅菓子：麻糬類的甜點。

破門草事件

到明治十九年左右為止，日本的植物學者即使有發現新種的植物，也不會自己命學名，而是把標本寄給俄羅斯的植物學家馬克西莫維奇教授，請他決定學名。

在當時有個很有名的「破門草事件」。知道事情真相的，現在應該只剩下我一個人而已吧！

有一次，矢田部良吉教授把在戸隱山採集到的「戸隱草」標本寄給馬克西莫維奇教授，想要請他命學名。馬克西莫維奇教授在研究過這種植物以後發現那是新種，就幫這種植物命了「*Yatabea japonica*」這樣的學

明治十九年：西元一八八六年。

卡爾・約翰・馬克西莫維奇：Karl Johann Maximowicz，一八二一－一八九七，俄國植物學家。

戸隱草：學名為 *Yatabea japonica* Maxim.。

名。*Yatabea* 是基於發現者矢田部教授的姓而命的名。由於馬克西莫維奇教授想要再多一點材料，便寄信到東京大學的植物學教室，希望矢田部教授能夠再寄標本過去給他。

植物學教室的大久保三郎偷偷把馬克西莫維奇教授寄信給矢田部教授的事情說給伊藤篤太郎。伊藤篤太郎在那時期經常出入植物學教室。

由於大久保三郎熟知伊藤的個性，所以他事先跟伊藤講好，要他保證：「我給你看這封信，但是你不會先命學名」。

可是在那之後過了三個月左右，在英國的植物學期刊《Journal of Botany》上卻刊登了一篇由伊藤篤太郎發表的，關於戶隱草的報告文，而且還幫戶隱草命了「*Ranzania japonica*」的學名，公開發表。

矢田部教授看見那篇文章相當憤怒，而大久保三郎發現伊藤違反約定也大為驚嚇。

結果就是伊藤篤太郎從此被禁止進入植物學教室。

也因為這件事，「戶隱草」在後來就被稱為「破門草」了。

雖然我認為伊藤篤太郎確實沒有道義，但是我認為他也有值得同情的地方。

早在矢田部教授從戶隱山採集來之前，伊藤篤太郎就已經知道戶隱草這種植物，而且還幫戶隱草命名為「*Podophyllum japonica*」，並發表在俄羅斯的期刊上。從伊藤的角度來看，自己發現、研究的植物被矢田部教授從旁奪走，還冠上「*Yatabea*」這樣的學名，心裡一定非常生氣吧！

銀杏騷動

做夢都沒有想到過銀杏會有精蟲。在日本、由日本人發現真可說是晴天霹靂，這是讓全世界的學者都大為震驚的學界一大稀有事件。

因為如此，本來只是很平凡地被列在松柏科中的銀杏立刻搖身一變，除了獨立出銀杏科、銀杏門以外，還讓全世界大為興奮騷動。此外，首次發現銀杏精蟲的人，是在東京大學理科大學植物學教室工作的畫工，發現於明治二十九年的九月，距今正好六十年前。

由於有了如此重大的世界性發現，一般來說平瀨應該很容易得到獲得博士學位的資格，可惜好事多磨，底線沒有最低只有更低，很不幸地，

明治二十九年：西元一八九六年。

他不只沒有贏得那頂榮冠而已，還立刻成為策動者的犧牲品，不幸地被踢到遙遠的江州琵琶湖畔彥根町的彥根中學當老師。這件事情不但可憐，還很愚蠢。

但是這件赫赫有名的功績當然不會被埋沒，公開刊登在《大學紀要》上的那篇論文持續發出燦然的光彩。平瀨後來也確實在明治四十五年光榮地獲得帝國學士院頒贈的恩賜獎以及獎金。

發現在銀杏果實中有精蟲的那棵樹，也就是即使讓眼睛受了傷也要自己採集果實的那棵樹，是高高聳立在附屬於東京大學的小石川植物園中的銀杏大樹。那棵樹被當成是有重要歷史的紀念樹，至今仍然存活、繁茂生長，只要到了初冬，葉片的顏色就會變黃，呈現非常壯觀的景象。

明治四十五年：西元一九一二年。

矢田部教授的溺亡

明治初年，在東京大學創設的時候，以植物學主任教授地位君臨日本植物界的是矢田部良吉教授。

當時東京大學的植物學教室被稱為「青長屋」。在植物學教室中有矢田部良吉教授、松村任三助教授、大久保三郎助手三位植物學家。

我從土佐的深山鄉下到東京來，開始在這個植物學教室出入是在明治十七年的時候，在這個教室裡的學生有三好學、岡村金太郎和池野成一郎等。

矢田部教授認為我是「來自四國深山熱愛植物的男子」，非常歡迎

明治十七年：西元一八八四年。

我，甚至還曾經請我到他家吃飯過。

可是在明治二十三年左右，矢田部教授卻突然對我宣告：「你最近在刊行日本植物誌。由於我也想出版類似書籍，所以今後不能給你看教室裡的書籍和標本。」

他的這番話讓我整個傻住。我造訪位於麴町富士見町的矢田部教授家，費盡唇舌跟他說：「現在，在日本研究植物的人非常少。您對其中一人施加壓力，並試圖封鎖其做研究的這件事，對日本的植物學是件損失。請您撤回不讓我看教室的書和標本的發言。而且提攜後進不是前輩的義務嗎？」

縱然我再怎麼請求，矢田部教授還是很頑固地拒絕接受，並跟我說：「在西洋也是，在一件工作完成為止，慣例是不給其他人看的。在我工作的期間，你不可以來植物學教室。」

我就這樣被非常冷淡地拒絕了。由於我既不是大學職員也不是學生，只是依賴矢田部教授的好意進出教室而已，所以一旦被拒絕後，我也沒

明治二十三年：西元一八九〇年。

辦法一意孤行，只能悄然地回到被稱為「狐狸窩」的住處懊惱哭泣。

矢田部良吉教授誕生於嘉永四年，父親在伊豆韮山是江川太郎左衛門門下的蘭學者，在明治三年辭掉開成學校的職位進入外務省，隨著森有禮和外山正一一起到美國去。然後在明治六年九月，以留學生的身分進入美國康乃爾大學就學。

矢田部在那裡修赫胥黎的植物學，於明治九年回國。他剛回國時先暫時在過去任職的開成學校復職，等到東京大學創設，他就成為理學部教授，也是把演化論移植進日本的人。

明治二十五年，我被禁止出入植物學教室，別無他法只好回到故鄉窩著的同年，矢田部教授突然被罷職了。

當時的東京大學總長菊池大麓突如其來做出罷免矢田部教授的處置，據說這是和矢田部良吉之間的權力鬥爭。

被從大學教授的職位罷免的矢田部教授就像是從樹上摔落下來的猴子一樣，真的是很令人同情。

嘉永四年：西元一八五一年。

明治三年：西元一八七〇年。

明治六年：西元一八七三年。

湯瑪斯．亨利．赫胥黎：為阿道斯．赫胥黎之祖父。

明治九年：西元一八七六年。

明治二十五年：西元一八九二年。

總長：日本校長稱位。

關於矢田部教授下臺的原因，我聽過各式各樣的傳聞。矢田部教授由於曾經到美國留學而變得相當洋化，還由於熱衷跳舞而很常去鹿鳴館，把在那個時期兼職擔任校長的一橋高等女校美女學生娶回家當妻子、在名為《國之基》的雜誌上刊登了「想擇良人，就該選理學士或是教育者才行」這般荒唐言論而引發批判。

當時的「每日新聞」還連載了以矢田部良吉教授為原型的小說，連插畫都有呢！

被大學趕出來的矢田部博士成為高等師範學校的校長。他很積極地推行羅馬字運動。

但是，在明治三十二年的夏天，他卻在鎌倉的海中游泳時溺死，以橫死告終。

不管過往曾經發生過哪些事，總而言之，對於矢田部博士的死亡，我只是覺得極為可惜。失去了學問上的競爭對手矢田部博士，再怎麼說都真的是非常遺憾。

鹿鳴館：明治時代日本華族（貴族）接待外國重要賓客的宴會場所，建於一八八三年，位於現在的東京都千代田區。

一橋高等女校：御茶水大學的前身。

高等師範學校：現在的教育大學的前身。

明治三十二年：西元一八九九年。

附帶要說的是，矢田部博士的公子，是在音樂界很知名的矢田部圭吉先生。

在矢田部博士被罷免之後，我立刻收到大學的聘任，以月俸十五圓擔任東京帝國大學的助手。

矢田部圭吉：應為矢田部勁吉，可能是作者誤植。

西洋音樂的開端

被禁止進出東京大學植物學教室，悄然返回故鄉的我還是熱衷於採集故鄉的植物。但是有一天，我被認識的新聞記者邀約，一起到高知女子師範學校去。

在那個時候，西洋音樂是非常稀奇的，而名為門奈九里的女教師則以首位西洋音樂教師的身分到高知女子師範學校赴任。我們就是去參觀這位老師教的歌唱課。

我在聽她們練習音樂時，感覺到打拍子的方式應該是錯的。

「這樣不行。把這樣的錯誤音樂教給土佐人的話，在土佐普及的音樂都會是錯的」，我這樣想之後，馬上就跟師範學校的村岡校長說了我的意見。可是村岡校長卻完全不接受一介書生的我的意見，於是我就認為：「好，這樣的話，我就來示範正確的西洋音樂給你們看」，然後創立了高知音樂會。

這個高知音樂會聚集了二、三十位男女的音樂愛好者。幸好在高知的本町有位名叫滿森德治的律師，他家裡有一架在當時還很少見的鋼琴，我們就把那邊當練習場。

會員中也有把風琴帶來的人，並且用了各種方法蒐集許多的樂譜。我是這個高知音樂會的指導者。首先從歌唱練習開始。雖說是唱歌，但不論是軍歌、小學歌、中等唱歌集等等什麼都可以什麼都唱，藉此提升氣勢。

有一次是跟寺院借場地舉辦音樂大會。在會場放了鋼琴，會員站在一層層的臺階上，我則揮動指揮棒擔任指揮。

由於從土佐開闢以來，這是第一次有音樂會在土佐舉辦，所以有非常多的人因為好奇心而參加，讓這個音樂會變得極為盛大。

在這個期間，我在高知的一流旅館延命館訂了房間當成基地，也因為如此而花了許多錢。

就像這樣，明治二十五年是在高知為了要普及西洋音樂而狂奔，度過一段夢般的日子。

在那之後，每次只要我到東京，就會去拜訪位於東京上野的音樂學校的村岡範一校長或是同校的有力教授，懇請他們能夠讓優秀的音樂教師到土佐去，最後總算有了新的教師被派遣過來。雖然很可憐，不過門奈九里女士也因此必須離開高知。

因為如此，我能很自豪地說，我是讓西洋音樂首次在故鄉土佐普及的功臣。

明治二十五年：西元一八九二年。

俄羅斯投奔計畫

由於被矢田部教授禁止進出植物學教室，不知所措的我就下定決心要到俄羅斯去。在俄羅斯有位名叫馬克西莫維奇的植物學者，於明治初年長住在北海道的函館，這位學者研究日本的植物，他的著述大部分都很先進。我到當時為止都一直寄植物標本給他，請他教我各種名稱等等，由於我寄送的標本非常難得，所以我也很受他的歡迎，他也會寄他的著書給我。這種時候他總是寄給教室一本、寄給我，對我特別展現厚意。

當時我也已經蒐集了非常多的標本，所以就想著要把它們全部帶去馬克西莫維奇教授那裡，並努力幫他的忙。

明治初年：西元一八六八年。

但是由於沒有人居中幫忙這趟俄羅斯之行，我就到位於駿河台的尼古拉會堂去，對那裡的教主說明事情經緯並拜託他，他也很乾脆地就答應說「好」，立刻幫我寫了信。

不久後雖然收到回信，但是根據信上的內容，馬克西莫維奇正由於罹患流行性感冒而臥床。他雖然對我要去俄羅斯的事情感到非常開心，但很不幸地是在那不久之後他就過世了。我是在他的夫人或女兒寄給我的回信上才知道這件事情。

於是我要去俄羅斯的計畫也就立刻消失了。

我收到這個悲傷的消息之後，陷入無法形容的深痛悲傷及絕望深淵之中。我在那時候作了一首漢詩，把我的感覺託付其中。

所感

專攻斯學願樹功

微軀聊期報國忠

人間萬事不如意
一身長在轗軻中
泰西賴見義俠人
憐我哀情傾意待
故國難去幾踟躕
決然欲遠航西海
夜風雨急雨霏霏
義人溘焉逝不還
生前不逢音容絶
胸中鬱勃向誰説
天地茫茫知己無
今對遺影感轉切

在這個時候，鼓勵我的是池野成一郎。他雖然反對我去俄羅斯，但卻拍拍心灰意冷的我的肩膀，幫我打氣並給我勇氣。

假如那個時候馬克西莫維奇教授沒有病歿，而我到俄羅斯去的話，我的一生應該會變得完全不一樣吧！

我的初戀

在東京飯田町小川小路的馬路邊，有一間名為小澤的小型菓子屋。大概是在明治二十一年，那時候的我寄居在麴町三番町，名叫若藤宗則的同鄉家裡二樓。我的日常就是從這個住處坐人力車從九段坂下坡，經過今川小路到位於本鄉的植物學教室去。在這個時候，總是會路經這家菓子屋。

在這間小小的菓子屋前，經常坐著一位很美麗的女孩。

我雖然不喝酒也不抽菸，但卻非常喜歡吃甜點。於是很自然就會把眼光看往菓子屋，然後，喜歡上這位美麗的女孩。

明治二十一年：西元一八八七年。

我會請人力車停下來，為了買甜點而到這家店去。就在這樣的過程中，我變得越來越喜歡這個女孩。那時候的女孩和現在不同，是不太會與不認識的男性等講話的。我默默在心中燃燒著愛意，非常苦惱。

每當我想要跟那個女孩搭話的時候，她就會滿臉通紅地把頭低下去。

就這樣，我開始幾乎每天都到菓子屋去。

在那個時期，我也會到神田錦町的石版店去學習石版印刷技術，於是便拜託石版店的主人太田先生幫我介紹那個女孩。

石版屋的主人立刻就答應了我的請託，前往小澤菓子屋，見了那個女孩的母親。

我充滿期盼，焦心等候他的回報。

根據石版屋所說，那個女孩的名字叫做壽衛子，父親是彥根藩主井伊家的家臣小澤一政，明治維新之後在陸軍的營繕部工作，但是在幾年前過世了。壽衛子是他的二女兒。

當壽衛子的父親還在世的時候，小澤家的宅第非常的大，前門從飯田町六丁目通進去，後門則連接到護城河的堤防為止，生活也很富裕，壽衛子是每天都接受日本舞蹈或是歌謠訓練的優裕千金小姐。而由於父親過世，廣大的宅第也轉到別人手上，京都出生的母親很要強，為了要以一己之力養活許多小孩，就開了這家菓子屋。

由於石版店主人的努力，這段姻緣便順利地進行，我們結婚了。然後把新家設在根岸的村岡家的別棟中。那是明治二十三年的事。

明治二十三年：西元一八九〇年。

囊泡貉藻發現故事

獨自一人靜下來追懷往事的時候，就會一個接著一個，這件事、那件事的，回想到各種各樣過去的事件。因為是九十多年的長久歲月，按理說也應該是如此。

但那些無非是稀鬆平常的事物，何況加以實踐的只有我個人，即使多少有點趣味，對別人來說大概也不怎麼有趣，所以在此回顧對國內外學界多少有點反響，寫寫關於那個部分的回憶。那就是我時常想起且片刻不曾忘記的——我在日本發現囊泡貉藻這種世界性珍稀水草的經過。

那已距今六十年前左右，在明治二十三年，春蟬鳴叫也接近尾聲，放

明治二十三年：西元一八九〇年

眼望去都是綠草嫩葉的五月十一日。我為了採集垂柳結實的標本，隻身到東京往東大概三里，原本稱為南葛飾郡的小岩村伊予田去。

在江戶川土堤內的田裡有一個貯水池，如今已經消失無蹤了。在那個貯水池周圍長著繁茂的垂柳，覆滿整個小池。我靠在那裡的垂柳樹上折著樹枝，在眼睛往下看水面的那個瞬間，發現那裡有形狀奇怪的物體漂浮著！

「咦，那是什麼呢？」我馬上把它撈起來看看，果然不是任何我平時看慣的水草，於是我匆匆趕回東京，立刻把它帶到大學的「青長屋」去，讓同研究室的人觀看這種罕見植物的時候，大家也都是「這是什麼？」而感到非常驚訝。

當時的教授矢田部良吉博士想起他好像在書裡看過關於這種植物的記述（也許是達爾文的《食蟲植物》〔Insectivorous Plants〕），便在那本書裡幫我查這種植物的學名，那便是世界知名的「囊泡貉藻」。

這種植物在植物學上是屬於茅膏菜屬的著名食蟲植物，卡斯帕里和達

囊泡貉藻：學名為*Aldrovanda vesiculosa* L.。

卡斯帕里：Robert Caspary，一八一八－一八八七，德國植物學家。

爾文等人都已經做過詳細的研究。

但是這種植物在世界上並不多，僅僅只有部分歐洲地區、部分印度地區與部分澳洲地區才有。由於這次很意外地在日本被發現，就再增加了一個新的分布地。後來又知道在西伯利亞東部的黑龍江部分地區也有這種植物，所以全世界的分布區域就一躍成為五個。

日本在上述小岩村的發現之後，確認到那是產於利根川流域，又於大正十四年一月二十日在山城的巨椋池看到。發現者是當時為京都大學學生的三木茂博士。但是由於該池不幸受到被排水填平的影響，很遺憾地到最後就滅絕了。

囊泡貉藻（ムジナモ）的漢字為貉藻，是我發現之後所取的日文名。因為我看到它以獸尾的樣貌漂浮在水中，又是食蟲植物，於是就決定要這樣叫它。

這種囊泡貉藻是綠色的、沒有根，成百橫向漂浮在水面附近，真的是呈現奇妙姿態的水草。一條莖位於中間，周圍有多層多片葉子呈輻射狀

大正十四年：西元一九二五年。

巨椋池：日本京都府南部一個已經消失的湖泊，原本的位置在現在的京都市伏見區、宇治市、久御山町一帶。

ムジナモ：mujinamo。

排列，在每片葉子的頂端有二枚貝狀的囊，可以捕食水中的小蟲，並將其消化成為自身的養分。於是就變得完全不需要根，也就沒有生長。此外，在葉片前端還有四、五根的鬚。

正如前面提過的，我在明治二十三年五月十一日發現了這種囊泡貉藻之後，我企圖想要畫這種植物的精密圖畫，但是我和矢田部教授之間卻發生了對我來說極為不幸的事件。

那個時候我有名為《日本植物誌圖篇》的書籍正在繼續刊行，可是矢田部教授卻有計畫出版類似的書籍，於是我就被全面性禁止出入植物學教室。

由於那是在我還沒有成為大學職員之前，所以我別無選擇，只好到農科大學的植物學教室完成那份素描圖，後來將它投稿到《植物學雜誌》並對全世界發表。因為這種囊泡貉藻在日本的植物界是極為罕見的食蟲植物，所以後來被刊載在各種各樣的書籍上，成為日本非常知名的植物之一。

明治二十三年：西元一八九〇年。

關於這種囊泡貉藻有個特別值得一提的事實，也是能夠對世界自豪的事蹟。那就是這種植物會特別在日本開很漂亮的花。我把這件事情明瞭又詳細地描繪在我的素描圖中。

不知道是什麼樣的理由，在歐洲、印度、澳洲等地的這種植物雖然應該確實會開花，但卻總是不開花，只呈現帽子般的外觀，到最後還是合著的。但是這個物種在日本卻像前述的那樣，很明顯地會開花。

所以在我的素描圖中的花，讓歐洲學者感到非常稀奇。後來在德國刊行，由阿道夫・恩格勒審定的那本知名世界性植物分類書《植物界》(Das Pflanzenreich)中，就從我前面提到的素描圖轉載了那個開花的圖，讓我的名字和圖一起在這個大舞臺上登場。

看到我過去辛苦繪製的圖竟然能夠被轉載到這本世界性權威的書籍上面，真是無上的榮幸，也讓我非常高興。

阿道夫・恩格勒：Heinrich Gustav Adolf Engler，一八四四—一九三〇，德國植物學家。

貧窮物語

被賦予大學的助手責任之後，雖然獲得十五圓的起薪，但就算是物價再怎麼便宜的時代，也不足以支付一家人的伙食費。

當時家裡的財產也幾乎完全沒了，變得一貧如洗。我原本是酒造業的獨生子，大方慣了，只靠十五圓的月薪過日子真的不是件容易的事。欠的債也逐漸累積，讓我一籌莫展。

自從結婚以來，孩子一個個陸續出生，生活也變得越來越難過。薪水一點也沒漲，財產散盡也沒有半毛錢的存款，為了吃飯也只好不停地借貸。因為如此，光是支付利息也非常辛苦。

執達員經常登門造訪。我那神聖的研究室遭受蹂躪的次數也不只是一兩次而已。我只能茫然地坐在疊得高高、數量多到可怕的植物標本和書籍之間，呆呆地看著執達員工作而已。還有一次終於到了連所有家財道具都被沒收拍賣，隔天就連吃飯用的餐桌都沒有了的程度。

在這個時期，曾經發生過這樣的事。當我從大學回家的時候，看到家門口掛著紅色的旗子，這是債主來討債的危險訊號。只要看到這面紅旗子，我就會在那附近晃，一直等到債主回去。然後等到沒有紅旗子以後，才總算能夠踏進家門。和魔鬼般可怕的債主打交道的總是我的妻子。

房租也經常拖欠，常常被房東趕出來。別無他法只好搬家的狀況也是再三再四。

因為我們家是孩子很多的大家族，不能夠住在只有二間、三間的小房子裡，很不容易找到合適的住處。再加上為了要收藏標本，至少還有必要再多兩個八塊榻榻米大小的房間，所以為了想要找到合適大小的出租房子，而且是房租便宜的房子真的是傷透腦筋。

執達員：執行法院命令的人。

一間：181.82 公分。

在那期間，我的妻子沒有對像我這樣不工作的先生感到厭煩，反而什麼事情都做。不知道是不是因為覺得嫁給像我這樣的窮學者是命中註定而放棄了，從年輕時跟我結婚以來，既沒有說過想要去看戲，也不曾說過想要一條流行的和服腰帶。

妻子捨棄一切世間女性的要求，庇蔭我、幫我遮蔭，不間斷地盡力幫我的忙，成為我的力量。

我認為在這種苦境之中，不讓眾多的孩子餓肚子，還要將他們視為學者的孩子一般好好養大，那種辛苦絕對不是一般人所能想像的。我至今想起來也還是覺得我的妻子好可憐。

但我當時卻完全將她的辛苦放一邊，只是埋頭做我的研究。直到所有的家財道具終於都要被拍賣掉的前夜，就算是我也還是會感到很混亂，沒辦法靜下心來寫論文。在這種困苦的時代，我仍咬牙忍耐持續撰寫長達一千頁以上的論文，後來成為我的博士學位論文。

在那個時候，身為東京大學法科教授的法學博士士方寧看到我的困境實在看不下去，就盡量幫我想辦法。土方博士是跟我同為佐川町出身的學者。

當時的東京大學校長濱尾新博士從土方教授那裡聽說了我的事，有一天把我叫去說：「雖然我很清楚你的困境，不過在大學裡還有許多其他的助手，不能只幫你一個人加薪。不過我可以想辦法給你別的什麼工作，讓你有特別的津貼。」

於是，就決定要從東京大學出版《大日本植物誌》，讓我一個人負責。費用由大學紀要的一部分來支付。

我非常感謝濱尾校長的好意，決心要把《大日本植物誌》當成我終生的志業，並全心全力做這件事。然後很熱情、充滿幹勁地想著「我要把它做成能夠向全世界誇耀『日本人可以做出如此了不起的工作的這件事』的書」。

可是，這件事卻讓我成為學者嫉妒的對象、眾矢之的。

松村任三教授不論是在學問或是在精神面上都開始對我施加壓力。像是《大日本植物誌》實在過於大，不方便攜帶，或是文章像牛的小便那樣又臭又長，一定要縮短才好等等的不停批評。

不久之後，松村教授又開始說：「《大日本植物誌》應該也要給牧野以外的人寫才對。」

但是我知道這原本就是為了我一個人而做出來的計畫，所以我和濱尾校長商量過之後，請他明說：「那是牧野一個人的工作」，拒絕松村教授說的話。

雖然《大日本植物誌》出版到了第四冊，卻由於周圍的情勢變得非常糟糕，就只好中斷了。

植物學教室的人態度極為冷淡，對於終止刊行這套書的事，甚至還露出高興的表情。

就在這樣的狀況之下，理科大學的箕作校長過世，新就任的校長是櫻井錠二博士。櫻井校長完全不知道我是誰。

松村教授把我視為眼中釘，不停地對校長進讒言，最後終於讓我被罷職。就像這樣，我被大學趕了出來。

但是植物學教室的矢部吉貞及福部廣太郎兩位對於這次的免職感到很不服氣，跟我說：「我們會想辦法，你不要有動作。」

松村教授原本絕對不是個壞人，說起來反而應該說是個善良的人，但卻是個只要有人對他說了些什麼，他就會相信對方所說的話的人。在這個時候，在他旁邊加油添醋說閒話的是平瀨作五郎等人。

不過在教室之中也有「松村教授既心胸狹窄也不夠聰明，為什麼不站在牧野那邊」的聲音。

至於我被趕出大學的事情開端，好像是因為松村教授夫人的主張。那是由於我剛結婚的時候，家內曾經暫時回娘家過。當時松村教授的夫人來跟我說媒，要我娶她親戚的女兒。夫人似乎是想要藉此讓我成為自己人好幫松村的忙，但我拒絕了這門親事。我認為夫人應該是為此感到很生氣，才唆使教授把我趕出去。

被革除東京大學助手一職的我，不久之後就復職成為東京大學的講師。這件事多虧了矢部、服部兩個人的盡力幫忙。成為講師之後，薪水也漲到一個月三十圓。

後來五島清太郎博士成為校長，五島校長對我非常好。

關於在我的罷職事件上為我盡心盡力的服部廣太郎博士，我有著很愉快的回憶。

服部廣太郎博士現在以在皇居擔任陛下的生物學御研究所的御用學者之姿非常活躍，不過他從以前就相當的時髦。實際上，他的出身也是相當高。

有一次，我在旅行的途中乾脆豁出去，買了一等車的車位想要搭搭看。因為大家都認為「牧野總是很窮，只能搭三等車」，所以我才想說偶爾揮霍一下，搭搭看一等車。

當我洋洋得意地坐上一等車，端著架子坐著的時候，偶然在途中看到服部廣太郎走進一等車，還立刻被他發現，他說：「這可真是件稀奇的事！」還大為宣傳。

就在這樣那樣的過程中，我的手頭越來越拮据，最後終於變成得要變賣植物標本才行的狀態。

那時有個名為渡邊忠吾的人很擔心我的困境，在朝日新聞上面寫了我的貧困狀態對世間發表。

在這個時候看到那篇新聞報導，對我伸出援手的人有兩位。一位是久原房之助先生，另一位是神戶的池長孟先生。此外，在這時候為了我盡心盡力的還有大阪朝日（新聞）的長谷川如是閑先生，以及其哥哥長谷川松之助先生。

朝日新聞社說久原房之助先生雖然有錢但正在組織家庭，而且討厭自由受到限制，所以應該是以高額納稅者的池長孟先生而言，在各方面都比較適合。

就這樣，我接受了池長孟先生的援助。當時池長先生還是京都大學的法科學生。他不僅幫我償還所有欠債，還把我的事當成自己的事看待。爾後他創設了池長研究所，在那裡保管我的植物標本。但是後來池長先生的母親不想再幫我出錢，這個研究所的工作就停止了。總而言之，我就是藉由這位池長先生的財政援助才總算度過我的困境。

壽衛子竹

昭和三年二月二十三日，我的妻子壽衛子在五十五歲的時候長眠了。病因不明的死亡。由於病因不明，也就沒辦法治療。我認為世上應該也有罹患相同疾病的人，就把她的患部捐贈給大學。

由於在妻子病重垂危的時候，從仙台帶來的青籬竹中有新種，我就將它稱為壽衛子竹，並把學名命為 *Sasaella ramosa* (Makino) Makino 加以發表，讓她的名字永久留存。這種青籬竹和赤竹有相當大的差異。

由於我想要把這種壽衛子竹種在妻子的墓前，便把它移植到院子裡面，現在它們長得非常繁茂。

壽衛子竹：寿衛子笹（スエコザサ，suekozasa），學名為 *Sasaella ramosa* (Makino) Makino。

昭和三年：西元一九二八年。

妻子的墳墓現在位於下谷谷中的天王寺墓地，在墓碑的表面上有兩句我詠的詩句，深深、深深地刻著我對亡妻長年來的感謝。

守家妻子惠我學　　家守りし妻の恵みやわが学び

世中僅限壽衛子竹　　世の中のあらん限りやスエコ笹

妻子一直都很興奮地懷抱著總有一天，要在我現在居住的東大泉的家裡蓋一個很棒的植物標本館，並且以那為中心建立牧野植物園的理想，但是這也只是以妻子沒有達成的夢想而告終。因為在現在的家蓋好之後，還沒有高興多久，妻子就過世了。

不過，我相信總有一天，能夠實現妻子的夢想。

悲傷的春天七草

《植物研究雜誌》由於遇到經濟上的難處導致刊行變得困難，但我偶然獲得成蹊學園的中村春二先生的知遇之恩，才得以讓這份雜誌免於廢刊之憂。事情的經過如下。

大正十一年七月，我被囑咐要帶成蹊高等女學校的學生到野州的日光山去，指導她們採集植物。我和該校的職員與學生一起前往日光山，也獲得了見到中村先生本人的機會。

在那個時候是以日光湯本溫泉的板屋旅館為據點，每天出外採集。學生住在旅館的一棟，我和中村先生則住在二樓。由於當時我們的房間相

大正十一年：西元一九二二年。

鄰，我和中村先生就聊了各種各樣的事情。

每當我跟他說我的私事，以及植物研究雜誌等事情的時候，中村先生都很仔細地聽，並加以同情。而後就對植物研究雜誌伸出援手加以援助。在這個時候的植物研究雜誌上，我寫了：

「本誌多虧有中村春二先生的厚誼，得以獲得如同枯草逢雨、轍鮒得水般的際會，從秋風蕭殺之境，急轉為春風駘蕩之場。」

深深感謝他的友誼。

中村先生為了《日本植物圖說》的刊行，每個月都為了我而支出數百圓的金錢。由於他的援助而完成的圖大約有八十張左右。這份圖說的刊行，成為我的終生心願。

大正十三年正月，我接到中村先生病重的消息，想要去慰問中村先生，就在正月一日前往鎌倉採集春天的七草，幫它們一一加上名字之後放在籠子裡帶到他的病榻旁去。

中村先生看著七草流著淚很開心地說：「我第一次看到正確的春天七

大正十三年：西元一九二四年。

七草：日本的春季七草為水芹、薺菜、鼠麴草、繁縷、寶蓋草、蕪菁與蘿蔔，自古有可消災得富貴之說。

草」，說他想要在煮成七草粥之前，先放在壁龕裝飾並欣賞一陣子。而在那之後不久的二月二十一日，中村先生便溘然長逝了。

中村先生的長逝，對我是一大打擊。因為他是最理解我的人，失去交心好友的悲傷是極為難耐的。中村先生直到過世之前都還很在意我的事，把應該成為他的繼任者的校長叫去，千交代萬囑咐地留下遺言：「在我過世之後，也要援助牧野。」縱然如此，那位校長先生對我仍舊非常冷淡，援助也就中斷了。

關於中村先生，一定要把後續的事情記下來。

那是在中村先生歿後，我再度帶著成蹊高等女學校的學生到日光去，這次也訂了先前和中村先生同一間旅館的二樓房間，我才因此注意到而非常感激。第二次去的時候，我住的是以前中村先生住的房間，上次住的房間則是校長入住。上一次我住的房間是上等又很寬敞的，這次的則是很窄的小房間。這麼想起來，中村先生是把我當客人竭盡待客之禮，自己去住前廳的小房間，把好的房間讓給我。我看到那位校長先生自己去住好的房間，而把我塞進小房間也完全不以為意時，深深感到在世上有很會做人的人，以及不是那樣的人。

我獲得敬愛的中村先生遺愛的硯臺，現在也仍舊放在我的書桌右邊以懷念他。

我決定一定要完成由於獲得中村先生的援助才開始的《日本植物圖說》的刊行。我在書的卷頭寫著中村春二先生的遺德、明記圖說刊行的由來，想要供在他的靈前。

附帶一提，我的愛徒中村浩博士，就是這位中村春二先生的公子。

大震災的時期

在關東大震災的時候，我人在澀谷的荒木山。我原本就一直對天變地異感到非常有興趣。

我在大正十二年九月一日發生大震災的時候，與其說是驚嚇，反而可以說是非常感興趣。我打從心底盡情體驗大地的搖晃。

當時我只穿了一條短褲在整理標本，一邊坐著觀察地震的搖晃狀況。一直等到我看見鄰家的石壁崩塌，想說要是房子垮了就糟糕了的時候，才到院子裡去抱著樹。

妻子和女兒都待在家裡沒有出來。幸好我們家的受災程度只有多少

大正十二年：西元一九二三年。

掉下一些瓦片而已。由於害怕餘震，大家在院子裡鋪上草蓆過了一夜，只有我進到家裡面去享受餘震的搖晃。後來聽說這個大地震的振幅有四寸，便覺得我應該要更詳細觀察才對，並因此感到非常遺憾。我希望在我有生之年，還能夠再遇上一次這樣的大地震。

在這次的大地震中，好不容易才剛付梓的《植物研究雜誌》第三卷第一號全部燒光了。留下來的只有七份打樣而已。

震災後過了兩年左右，我們搬離澀谷的家，搬到現在的東大泉。因為我認為假如要保護標本不受火災或是其他災難危害的話，應該是郊外比較安全。

川村清一博士

理學博士川村清一，雖然是日本研究蕈類的第一人，但卻在六十六歲的時候由於胃潰瘍吐血而驟逝，真的是極為可惜。

川村博士誕生於作州津山，是松平家的家臣。明治三十九年七月從東京帝國大學理學部植物學科畢業，立刻就走上研究日本菌類之路。在這期間，他既到西洋去，蒐集國內外許多文獻，又實地蒐集菌類標本構築研究的基礎。現在這些書籍和標本雖然全都成為遺物，不過我聽說他的遺族把這些都捐給了日本科學博物館。我懇切盼望為了菌類學，也為了博士生前的努力，這些收藏都能夠被保存在安全的地方。

明治三十九年：西元一九〇六年。

由於川村博士自己能夠畫出很棒的素描圖，所以不需要麻煩任何畫工，所有的圖都是自己提筆作畫。在書肆競相出版中等學校植物教科書的繁華時代，也是請他畫菌類的彩色圖，再納入書中。不論是甲家的教科書、乙家的教科書都有蕈類的彩色圖版，而這些全都由川村博士一個人獨佔市場。

川村博士已經出版了二、三本優秀的菌類圖書，並將多年來累積的寫生素描整理成冊，而這也是川村博士最後的作品，由東京本鄉的南江堂印刷。但是在這本書總算要出版的時候，卻不幸在昭和二十年戰火中化為烏有。那真的極為遺憾，也確實是學界的大損失。

川村博士懷抱著使命感想要重新來過。幸好我從他的來信知道原稿的原圖免於戰火，安全地留下來了。我對這件不幸中的大幸給予祝福，祈禱前述的菌類圖說能夠再發行。在那個時期，昭和二十年八月十五日戰爭宣告結束不久，川村博士從山梨縣東八代郡花鳥村竹居的疏散地，平安返回東京都的瀧野川區上中里十一番地的自宅。但是老天爺卻不讓他

昭和二十年：西元一九四五年。

享受幸福，而讓他像前述的那樣，不幸地成為不歸人。

川村博士晚年全心投入菌類的研究，導致沒空做那些命名新種、對世界發表的工作，反而都是守著一直以來的研究，將那些研究整理出來，努力地想要公開發表。總而言之，對於日本失去一位寥若晨星的菌類學者，我由衷感到非常遺憾。因為他的年紀還沒有到該迎接死神的高齡，但是天命總是無法違抗。

川村博士從大學就學期間就和我相當親近，所以在突然聽見他的死訊時，不禁感到非常的哀愁。

關於櫻花

高知縣土佐高岡郡佐川町是我誕生的故鄉，那裡被遠近的群山包圍，在春日川流域有一市街，郊外則是相連的田園。

這塊土地在明治維新前受到國主山內侯特別待遇的深尾家所有，是一萬石領土的核心區。

有許多武士的地方，學問自然就會很盛行。近代從這個地方出身的人，從擔任宮內大臣的田中光顯、擔任貴族院議員的古澤滋（舊名迂郎）、擔任侍從的片岡利和、擔任縣知事的井原昂、擔任大學教授的工學博士廣井勇、法學博士土方寧，其他還有像醫學博士山崎正董等，人才

一石：能夠收穫一個成年人在一年中需要吃的米量的土地面積，大約為一坪（3.3平方公尺）。當時的一年是用陰曆的354天，一萬石是11.682平方公里。

濟濟。從前被評價為「佐川山分有學者」的土地，有當時稱為名教館的深尾家直轄學校，主要教授儒學，所以儒學家就很多。

從這個佐川町的中央往南的場所稱為奥土居。東西和南的奥是指被山包圍的極小區域，從奥的一方有一條溪流流過。沿著其西側的山有一座寺院，名為清源寺。這塊土地有著傳統的知名古剎，其後方背山，山上是鬱鬱蒼蒼的森林，前方則俯瞰溪流的窪地。寺院前方及下面的土地是自古就有許多櫻樹的地方，那些全都是所謂的日本山櫻（*Cerasus jamasakura*）。

距今五十多年前的明治三十五年，當時土佐還沒有在東京很常見的染井吉野櫻（*Prunus*×*yedoensis*），我把幾十棵樹苗送往土佐，一部分送到高知五台山，一部分則送到我的故鄉佐川。五台山竹林寺的庭院裡至今也仍然有幾棵當時種的染井吉野櫻，那些是當時的竹林寺住持船岡芳作師父用我送的樹苗種植的。但是到了今天，竹林寺的僧侶都已經不知道這些染井吉野櫻的由來。

奥土居：深山土居。
奥：深山。

明治三十五年：西元一九〇二年。

在佐川則是由當時住在佐川的友人堀田孫之先生把染井吉野櫻分送各處，其中有幾棵種在右奧的土居，讓它們跟原有的日本山櫻為伍。

那些樹隨著歲月而逐漸長大，經過五十多年到了今天，已經成為合抱的大樹，每年四月都會開出把枝葉埋沒的花海，和日本山櫻共同競爭，呈現壯觀的景色。

現在這個奧土居已經成為佐川町的櫻花名勝，名聲傳遍四方；而正好佐川町有從高知通往須崎港的鐵道通過，佐川也有一站，所以在花季時便會有賞櫻客從遠近各地蜂擁而來，讓此處雜沓，因而設置各式各樣的臨時店鋪攤位、路旁有座位的茶店，裝飾大大小小的旗幟燈籠，這裡那裡都有人熱鬧地在花下大張宴席，入夜之後賞夜櫻，熙熙攘攘一路鬧到半夜。

雖然櫻花是我送的，而且櫻花樹還長得很大，花開得也很繁茂，但我卻總是錯過賞花的好時機，一直感到很遺憾，最後終於下定決心要在昭和十一年四月回到久違的故鄉賞櫻，也因首次賞花而感覺很稀奇。除了

昭和十一年：西元一九三六年。

看到我送的櫻花樹已經巨幅成長而感到開心的同時，也覺得自己跟那棵樹的樹齡一樣虛度了三十餘年。樹如此地花開茂盛，但我卻一事無成地徒增年歲，不禁產生無盡的感慨。

不過幸好我盡心送的這棵樹成長得很好並且開了花，吸引許多的賞花客。要是這對故鄉的繁榮多少有點幫助的話，正是我贈送這些樹的意義，也讓我甚感榮幸。於是為了要給賞花客看，也順應故鄉友人的要求，就作了下列這首歌，讓大家能夠吟誦，幫忙振興故鄉的景氣。

熱鬧歌唱佐川櫻　歌いはやせや佐川の桜
小鎮整面花朵雲　町は一面花の雲
香氣萬朵櫻佐川　匂う万朵の桜の佐川
土佐著名花勝地　土佐で名高い花名所

長藏的斥責

昭和七年左右的讀賣新聞上，有過一篇寫著「牧野到尾瀨採集植物，遇到尾瀨的主人長藏，被他大聲斥責之下狼狽不堪地逃回來」的報導。

這完完全全是個謊言。當時和我同行的人都知道事實絕非如此。那個時候不要說是長藏了，就連半個人都沒有遇到。何況我既沒有被長藏斥責的理由，長藏也沒有那樣的權利。

不過長藏的確曾經因為我採的植物比其他人要多很多，而誤會過我是在破壞山林。長藏對於我去尾瀨採集植物感到不太高興也是事實。

把這種先入為的主觀念灌輸給長藏的是某位先生，他經常對善良且急

昭和七年：西元一九三二年。

性子的山野男子長藏說些「由於牧野會採集非常多的植物，所以要把他趕走」的話。於是長藏先生好像就因此對我有點反感。

大概是有人聽到這樣的風聲，再加油添醋地把這樣無據的無聊事情刊登到報紙上去吧！這樣反而傷害到長藏的人德。

類似的事情在輕井澤也發生過。每年夏天都會到輕井澤去避暑的尾崎咢堂，為了要保護輕井澤的自然之美而討厭植物採集（的人或行為），並對於我造訪輕井澤而感到很不高興。所以像這樣無聊的事情被刊登到報紙上的話會讓我感到很困擾。

這位尾崎咢堂先生和我後來同時被選為東京都名譽都民，也是個不可思議的緣分。

我的健康法

我誕生於文久二年，今年已經九十五歲了，但並沒有實踐什麼特別的健康法。平時只是以淡泊的心境度過平平凡凡的歲月而已。換句話說，像這樣保持心理的平靜，也可以說是我遵守的健康法。

但是想要長壽，就得要總是保持著年輕的心情才行。

我就算到了今天，也還是很討厭被說老、被稱為翁或是爺爺。我也不喜歡別人提及我時寫成牧野老台等。也因此，到今天為止，我對於自己，一次也不曾使用過這樣的字眼，我的心境如是：

文久二年：西元一八六二年。

縱然外貌如老翁　わが姿たとへ翁と見ゆるとも
心情總是花正盛　心はいつも花の真盛り

為了要保持年輕，我認為有必要接觸年輕的女性。我在去年到日本劇場去看脫衣舞秀，看到了所謂的裸體，年輕女性真是好啊！在這個時候，《周刊讀賣》還是哪家雜誌大大刊登了我被脫衣舞孃包圍住的照片，「再怎麼說都是具有學士院會員身分的人，居然這樣有失尊嚴，真是不像話」，用此炒作話題引發了爭議，不過學士院會員的本分就是要盡可能的長壽，為國家盡一己之力才是，所以為了要長壽，接觸年輕女性可說一點也不是壞事。

我生來就吃得很少，但也沒有特別喜歡或討厭什麼食物，什麼都吃。胃腸也非常的健康，能夠把食物消化完全。

我原本非常喜歡牛肉，不喜歡吃雞肉。此外，原本也不喜歡魚類，但是最近口味改變，變得經常吃它們。

我也很喜歡喝咖啡和紅茶，但卻不怎麼喜歡抹茶。

我天生就跟酒和菸草無緣。從幼年時代起就不碰這兩樣。雖然我是酒造業的獨生子，有著接近酒的機會，但我仍舊從來不喝。

我認為完全不碰酒和菸草的這件事，對於我的健康有無比的幫助，所以感覺很開心。

即使已經過了九十歲，手也不會抖，寫的字看起來還是很年輕，完全不會像一般老人那樣是乾枯的字體。此外眼力也很好，還沒有老花眼，我完全不需要老花眼鏡那種東西。我抄寫文章、寫下各式各樣的文字，全都是憑藉我的肉眼，精細的圖畫也是以同樣的雙眼描繪。牙齒全都是自己的，沒有半顆蛀牙。

但是最近耳朵有些重聽，就感到不自由了。

頭髮幾乎全都白了，不過沒有變成禿頭。

此外，頭痛、頭暈、肩膀僵硬痠痛、身體倦怠、腰部腳部等的疼痛也是絕對沒有，就連一次都沒有接受過按摩。我也不太拉肚子，大小便都很順暢。

睡眠時間通常是六小時或七小時，早上大概都是在八點前後醒來。晚上睡得很熟，有時候會做夢。從來沒有睡過午覺。

由於我這二、三年都沒有外出，大為運動不足。再加上日光浴也不充分，接下來應該要好好加以注意這方面才行。

有些人說我應該會活到一百歲，但我想要活到一百二十歲給他們看。

最後，我以近來詠的詩表意作結：

永遠活著勤奮工作　いつまでも生きて仕事にいそしまん
若是再度生來此世　また生まれ来ぬこの世なりせば
擁有比任何寶物都珍貴的身軀　何よりも貴き宝もつ身には
財富榮譽都不需要　富も誉も願はざりけり

II

我的植物園的植物

野蘿蔔的種種根形

我的植物園的植物

我從誕生以來既不是有所感應，也不是得到雙親的遺傳，只是很自然地喜歡草木。在原野或山裡閱歷種種植物的過程中也栽種了這些草木，不知不覺就形成了一個植物園。隨著年月的經過，代代祖先遺留的財產也都被我投入在這所植物園中，房子和倉庫也都轉到他人手，自己也從昨日的公子變成今日連更換衣物都沒有般的一貧如洗。我不但不以為意，也甘於忍受世人的嘲笑，只是持續經營這個植物園。就像這樣經過了日月，栽種的草木數目不停增加，幸好一次也沒有荒廢過。要維持且讓植物變得盛大的過程中，雖然發生過種種慘澹經營的狀況，幸好老天爺憐憫園主，每次遇到困難時，都會有俠義心腸的人出手相救而逢凶化吉，或是幫助我盛大經營，所以到今天為止都還能夠維持著這個植物園，並且已經栽種了幾千種植物。園主我熱切希望能夠盡一介日本國民的本分，或是對前述俠義心腸之人的情誼，讓這個植物園能夠對植物學貢獻留有功績，日夜為此苦心煎熬。世間萬事通常都不會順心如意，導致園主的心總是在好壞與否之間搖擺。萬一天邊出現了非常厚的低氣壓，狂風暴雨蹂躪這個植物園，導致無法復原的慘狀，並因而讓植物園荒廢的話，園主多年的苦心就會像那些落下來的雨水一樣化為泡沫消失無蹤，而園主也會因為太過失望而有損健康吧！這個植物園的命運是否會以如此悲慘的狀況告終，也是完全無法預料，只有神明才知道。現在園主持續在前途未卜的一喜一憂之間徬徨。這個植物園起初是建設於土佐一隅，但早早就遷移到現在的東京，植物園的大小僅僅是在二、三寸寬的地方，不可思議的是在那個範圍內卻栽種著數千草木且生長繁茂，而且還有不少能夠繼續栽植的空間。植物園的主人現在從中挑選了一些草木，介紹給那些想知道「像這樣不可思議的植物園在哪裡？」的人。這個園主，是名叫牧野富太郎的怪人。

庫頁島羽鈴花

前述的我的植物園中曾經栽種著一種珍草。那是產於由我們忠勇的軍隊征服的舊領土樺太州，在其他地方都不曾見過的物種。它與毛穗藜蘆、青柳草、尖被藜蘆以及棋盤花等是近緣種，同屬於百合科。曾經是敵國的俄羅斯的施密特先生在西曆一八六六年，也就是距今三十七年前著的《樺太植物誌》中首次刊登了這種植物的圖說，並把它的學名命為*Stenanthium sachalinense* F. Schmidt。由於它尚未有日文名，於是這回就稱其為庫頁島羽鈴花。略記其形狀如下。全草高七~九寸，為多年生草木，外觀很像是極瘦的青柳草。根為鬚狀，莖位於地裡，具有植物學所

樺太州：日治時代的庫頁島。

毛穗藜蘆：學名為*Veratrum maackii* var. japonicum (Baker) T.Shimizu。

青柳草：學名為*Veratrum maackii* Regel var. *parviflorum* (Maxim. ex Miq.) H.Hara。

尖被藜蘆：又稱梅蕙草，學名為*Veratrum oxysepalum* Turcz.。

棋盤花：學名為*Zygadenus japonicus* Makino。

施密特：Friedrich Karl Schmidt，一八三二—一九〇八。

謂的有皮鱗莖，和蔥等植物呈現同樣的形態。前端尖銳呈線形的葉子有二、三片長出地面，花莖也就是葶較短，長度約為四、五寸。花莖直立沒有枝，花莖的中間長有一片鱗狀葉，莖的前端開著三～五朵稍微往下垂的總狀花，小梗朝上、小梗基部的花苞比小梗長，邊緣有顏色。花的直徑約為五分，是具有雌雄兩性花蕊的兩性花，雄蕊有四個，只半開不展開的花被有六片，看起來像鐘狀，各片都是披針狀有銳尖頭，上部稍稍翹起有色彩，另一面則沒有在棋盤花、毛穗藜蘆、青柳草可見到的腺。這是最該注意的點，因為這就是區分其為藜蘆屬或是棋盤花屬的主要特徵。但是各片的下部則和子房合體。子房瘦長，成「金字塔」狀，直立分成三室。花柱有三根，從中央的點反著翹起來。果實是所謂的蒴果，直立，和宿存的花被幾乎等長，每室有五到八顆的種子。種子為披針形有翅，這個翅（在水平方向）超過種子的頭部。

雖然這種植物的學名經常會和棋盤花弄混，不過棋盤花的學名是*Zygadenus japonicus* Makino。

日本的豆蘭屬植物

豆蘭屬，也就是 *Bulbophyllum* 屬，是蘭科的樹蘭類，在亞洲、非洲的熱帶地方很多，並有少數物種分布於南美以及澳洲自成一屬。本屬大約含有八十個物種，但是目前日本只知道有以下兩個物種。兩者都產於日本中部到南部各州，是所謂的附生植物（也稱為附著植物、寄生植物），會附著於樹上或是岩石面上生活，形體小，葉子能夠度冬不會乾枯，花雖然小形隱微並不顯著，但是由於整株草的形貌非凡，小而可愛，被園藝家所珍視，卻由於出乎意料地難以培養，所以不能如預期般繁茂生長。它們原本就是附生植物，只要空氣中的濕氣適當，應該就可以看到很好的結果。日本的物種會附著在樹上或在岩石面上，卻會因地而異，在繁茂生長的地方，不論是附生在樹上或是岩石上，都是密密麻麻地覆蓋生長著。它們生長處雖然有時可能會在日照的陰影下面，但是在非常陰暗的地方就不會生長。根莖是匍匐延長的絲狀，鬚根從此處長出之後，會緊貼在樹面或是岩石面上。卵圓形或是長橢圓形的小小球狀莖為小型粒狀，間隔著小距離排在根莖上。在這個球狀莖的頂上各有一片葉子。葉片為橢圓形或是長橢圓形，上端是鈍頭狀。下部狹窄連接短的葉柄。堅硬革質，顏色深綠，在邊緣稍微翹起，有三條葉脈。長度達一寸。在五、六月開花，直徑大約為一分。淡綠色半開狀，小花細小隱微地被葉片蓋住。花謝之後非常的不起眼，容易看漏。花梗皆從前一年的球狀莖的根莖長出來，上面會有三、四片花苞及一朵或二朵的花，長度跟球狀莖一樣。花苞寬廣質地很薄，上方的花會稍微一片片地隔開。花萼在上部的是卵圓形，在側邊的比較大呈橢圓形，一共有三條脈。一般人通常不太會注意到濕氣，但是對這種植物來說卻很重要，想培養這類附生性蘭花的人絕對要多加注意，特別考慮濕氣。只要看溫室蘭花的培養法就能夠很快了解。換句話說，不是只給它們溫度就好，也要同時供給充分的濕氣才可以。豆蘭屬的植物就像其字面意思一樣，在成球形的莖上（在植物學上稱其為偽鱗莖，Pseudobulb）有葉子，會變成像麥蘭那樣所以得到這個屬名，但是像之後介紹的圓葉石豆蘭那樣沒有球狀莖的也不是沒有。

(1) 麥蘭

這種蘭在日本中部到南部各州並不罕見。在東京附近是以房州、相州為其產地。我認為房州的清澄山應該是它的分布北限。不過要是比此處要北的地方有這種植物的話，也不會離得太遠。植株附著在樹上，花瓣是卵狀三角形，從上部的萼片起，有著微微地像是長長的邊緣毛那樣的細裂。唇瓣和花瓣同長，是前端尖銳的卵形。下方延伸與蕊柱的腳接合，讓這個腳變得很像是唇瓣的柄一樣。子房是植物學上所謂的下位子房，這種蘭的子房並不像其他蘭的一樣扭曲。也因此這種花的方向就是正向，和其他種呈相反的姿勢。換句話說，就是其唇瓣不是面向外側而是朝向內側。這個子房在花成熟後形成橢圓形的蒴果，長度大概為二分。種子很細小呈鋸屑狀，當蒴果裂開時會溢出許多，這點和其他一般的蘭是一樣的。

這種蘭的花經常是自花授粉。

雖然如上述所說它的花非常小很不容易看見，但是其硬質的葉片及其麥粒狀的球狀莖則成為這種植物超凡的標誌。由於它們有這種麥粒狀的球狀莖才讓它們有了麥蘭這樣的日文名，學名則是 *Bulbophyllum inconspicuum* Maxim.。這個學名是於西曆一八八六年，也就是明治十九年時，由俄國的植物學者馬克西莫維奇先生發表的。

(2) 圓葉石豆蘭

圓葉石豆蘭（まめらん）的名字出現於文政八年由水谷豐文先生所著的《物品識名拾遺》從這點就知道在這個時代的本草家已經知道這種植物的存在。其別名「マメヅタラン」是當時理科大學的助教授大久保三郎取的，圖說則發表在明治二十二年二月出版的《植物學雜誌》第一卷第一號之中。現在這種植物已經不再讓人覺得稀奇，但是在前述雜誌發刊當時的明治二十二年左右，卻是珍稀蘭花之一。此外其學名 *Bulbophyllum drymoglossum* Maxim. 也是在那時命名，命名者和前述的麥蘭一樣是馬克西莫維奇先生。這個種小名 *drymoglossum* 是羊齒類伏石蕨屬的意思。這是由於圓葉石豆蘭的葉片及其整體的樣子很像伏石蕨，才用這個當成種小名。

這種蘭花就跟前文中的麥蘭一樣，附生在樹木或是岩石表面，大多都是生長在能照射到日光的地方。這個物種也是在極為繁茂的時候會密生、覆滿其附著之處的表面，看起來簡直像是穿了和服一樣。這種植物的培育比麥蘭要困難，但是據說把它固定在活的卷柏樹幹上就能夠長得很好。

まめらん：mameran。

水谷豐文：一七七九－一八三三，江戶時代後期本草學者。

文政八年：西元一八二五年。

明治二十二年：西元一八八九年。

卷柏：又稱萬年松，學名為 *Selaginella tamariscina* (P.Beauv.) Spring。

它的分布區域雖然跟麥蘭相同，但有時候會生長在比麥蘭更北方的區域。據我所知，下野國很可能是這個物種的分布北限。我曾經從松平子爵那裡收到過來自同國，距離鹿沼不太遠的古賀志山的樣本。

根莖匍匐延長呈絲狀，隨處長出鬚狀的根。球狀莖被小鱗片，完全看不到它的存在。葉片彼此相離，稀疏生長在根莖上，呈小形的橢圓形或是倒卵狀橢圓形，肥厚，為偏黃的綠色。葉柄大約三分長，看起來像是有豆子長在上面，因此得到「豆蘭」的日文妙稱。在花梗上只有一朵比較大的花，直徑大約三分有餘，在六月時分開黃綠色的花。細長的花梗從根莖長出，長度約為二、三分，比葉片稍長。下部有著膜質的花苞，在頂部也還有一個花苞。花被（花萼與花瓣的合稱）半開，萼片呈卵狀披針形，上部的稍窄，共有三條脈。花瓣比花萼小非常多，呈長橢圓形，有一條脈。花被淡紫色，比花萼短，為前端尖銳的卵狀披針形並且彎曲，與延伸的蕊柱腳連接彎曲。蕊柱短，子房幾乎為棍棒狀，果實為倒卵形在下方有柄。

下野國：日本過去行政區分的令置國之一，屬於東海道，相當於現在的栃木縣。

日本產栂櫻屬的植物

石楠科的植物總體上有許多有趣的物種，以園藝植物來說也占有非常重要的地位。其中又以石楠屬類、杜鵑花屬一類及歐石楠屬（*Erica*，這一類在日本沒有）等占有主要地位，歷來常被園藝家所讚嘆。例如像妝點了喜馬拉雅山的石楠等，無人不對其雄偉壯大感到驚嘆。

在小形的石楠科中有著栂櫻屬。這個屬之中物種並沒有太多，在我們日本則已知有三種。而且直到最近才證實其中一種確實存在於日本。這三種全都是生長在高山的山頂或山頂附近，在平原或丘陵地等是看不到的。雖然它們的形狀很相似，但是並不難區分。

石楠科：又稱杜鵑花科，科名為 *Ericaceae*。

這個屬是被分類於石楠科中的石楠屬，在學術上的屬名為栂櫻屬。這在神話中經常被提到。這個屬的植物全都具有下列的特徵。

栂櫻屬的特徵為矮小的灌木與繁茂的分枝。葉片全年常綠。散生在枝條上（散生是植物學用語，表示葉片在莖的四面互生，並不是指散開生長於枝條上的意思），葉緣很明顯地向內捲曲，直達背葉面的中肋。花呈繖形花序，具花梗，有五片萼片，花冠為壺狀或是鐘狀，邊緣分成五裂，有十個雄蕊從子房的下方長出來，花絲細長，花藥上端有孔，花粉從孔中散出，沒有芒。子房分成五室，花柱細長，柱頭為小頭狀。果實為蒴果，分成五室，室與室之間裂開成五個殼片，內部有相當多的種子。

這個屬中物種僅分布在北半球的北部，沒有任何一種分布於南半球。

本屬與千島栂櫻屬最為相近。有人認為既然是和這個千島栂櫻屬同屬的話，應該真的很接近才對，不過千島栂櫻屬的花是總狀花，花冠很深，分成四裂展開，所以是以此點分辨。此外，雖然它和山月桂屬也很近，但是山月桂屬的花有五根雄蕊，花藥很長，縱裂散出花粉這一點是

栂櫻屬：屬名為 *Phyllodoce*。

千島栂櫻屬：屬名為 *Bryanthus*。

山月桂屬：屬名為 *Loiseleuria*。

不一樣的。

栂櫻屬之中分成兩節。一是阿留申栂櫻，另一節則是栂櫻。阿留申栂櫻類是本屬的本宮（本家），花冠呈壺狀、花萼有腺毛。阿留申栂櫻及松毛翠屬於此節。而栂櫻類則像是本屬的側室，花冠呈鐘狀，萼片沒有毛。這屬於栂櫻屬。為了要讓大家容易了解，整理成以下的分類。

栂櫻屬（又稱松毛翠屬）

一、阿留申栂櫻節……花冠壺狀、花萼有毛。

(1) 阿留申栂櫻

(2) 松毛翠

二、栂櫻節……花冠呈鐘狀，萼片無毛。

(3) 栂櫻

編註：節是植物分類學中的一個分類階級，位於屬和種之間。當一個屬的種類很多時，可以將所有種區分為幾群（英文是 section，臺灣翻成「節」，中國翻成「組」，再各給一個名稱（如 *Consoligo*），但必須具有共同的特徵。

阿留申栂櫻：學名為 *Phyllodoce aleutica* (Spreng.) A.Heller。

松毛翠：學名為 *Phyllodoce caerulea* (L.) Bab.

栂櫻：つがざくら（tsugazakura）或つがまつ（tsugamatsu），學名為 *Phyllodoce nipponica* Makino。

關於各種的描述則記載如後。

(1) 阿留申栂櫻

阿留申栂櫻，日文又稱あおばなのつがざくら、おおつがざくら、おおつがまつ、はくさんがや。

這個物種常見於日本本州的中部以北，直至北海道各地的高山，是在日本它是栂櫻屬之中數量最多的物種。日本以外則是從堪察加半島經阿留申群島到北美北部的阿拉斯加均有分布。學名為 *Phyllodoce aleutica* (Spreng.) A.Heller。雖然有三、四種不同的俗名，不過通常都是使用學名。

為小灌木，高度可達一尺左右。樹幹往橫向擴展，樹枝往上方伸展。樹葉密生於樹枝上，線形的葉柄短，葉尖為鈍頭或是稍尖，葉緣有小鋸齒。花大約為三朵至十五朵，以繖形由枝頭末端長出來。小梗位於頂端。花梗直立，比花體要長，有腺毛。萼片為卵狀披針形，前端尖銳，下方有許多腺毛。花冠略呈球形，顏色白而帶點藍色。雄蕊藏於花冠內，花絲比花藥長，無毛。花柱也是藏在花冠內，柱頭稍微肥厚。子房有腺毛。

(2) 松毛翠

我最近才首次實際接觸到這個物種的實體，其產地是北海道石狩國的美瑛岳（Mount Oputateshike）及後志國的後方羊蹄山。由於沒有日文名，所以我就將它稱為「松毛翠」。這是栂櫻屬中分布最廣的物種，從歐洲北部的格陵蘭以及西伯利亞的東部直至北美北部都有，換句話說就是環繞了北半球的北部一周。在我們日本除了前述的兩座山以外，據說在千島群島也有，但是我認為在北海道應該是在各種高山上都能夠找到。目前還沒有在本州採集過的紀錄，所以現在仍舊不知道在本州是否有分布。

後方羊蹄山：マッカリヌプリ，又稱為蝦夷富士。

學名為 *Phyllodoce taxifolia* Salisb.，並有 *Phyllodoce caerulea* Bra. 的異名。由於後者的名字是最古老的種小名（*caerulea*），所以我認為用這個比較好。最舊的學名是由林奈命名的 *Andromeda caerulea* L.。但是因為這個 *caerulea* 是指藍色，用來指稱花為紫紅色的這個物種其實不太適當，不過由於最開始的學名就是這樣命的，也就沒辦法了。

這個物種的高度能夠長到一尺左右，有許多分枝。繁茂生長的葉片質地堅硬有光澤，葉片末端有些是鈍頭有些是尖頭，葉緣有細齒、粗澀感、葉柄短。二至六個的花梗在枝頭上呈繖形、被腺毛覆蓋，長度為五分至一寸左右。花位於梗頭上，花萼為卵狀披針形前端尖銳，被腺毛覆蓋的淺紫紅色花冠呈橢圓壺狀，雄蕊藏於花冠內，花藥為紫色。花柱也藏在花冠內不會露出在外，子房被有腺毛。

在日本（有些西洋學者也是）到今日仍把該用於這種松毛翠上的前述學名，也就是 *Phyllodoce taxifolia* Salisb. 用在一般的栂櫻（下一篇的植物）上面，那是錯誤的。我也是在今天第一次實際看到松毛翠的樣本時才

編註：經審定後確認為 *Phyllodoce caerulea* (L.) Bab.。

領悟到自己的錯誤。

(3) 栂櫻

這種植物是生長在本州中部及北部高山頂上的常見栂櫻，自古以來就為人所知。正如我前面提到的，雖然直到今天我們還使用 *Phyllodoce taxifolia* Salisb. 這個學名，但這是個很大的錯誤。發現這一點之後，我仔細檢查這種栂櫻的結果，發現那是一個新的物種。不僅如此，我還確定了這個物種不屬於前兩種本家的阿留申栂櫻類，而是屬於從來不曾在日本，或說在舊世界（東半球）發現過的 *Parabryanthus* 節。也因此，這一類在舊世界也是新的。這類中的植物有二、三個物種，都是分布於北美西部的洛磯山脈附近。其中以北美栂櫻和我們的這種栂櫻最為類似，但是其枝面、花冠、雄蕊以及花柱的形狀等都有差異，二者絕對不是相同物種。因此我把日本的物種，也就是栂櫻視為一個新種，幫它命了新的

北美栂櫻：學名為 *Phyllodoce empetriformis* (Sm.) D.Don。

學名*Phyllodoce nipponica* Makino。正式的記載文刊登在《植物學雜誌》上。這個物種最大可以長到一尺左右，分枝繁多，葉子附著在枝上的程度稱得上多但不至於太密，葉片相對著樹枝是直立生長的。紫紅色的葉柄短、葉片為線形，末端呈鈍頭，葉緣全都具有小齒。葉長大約二、三分，葉片深綠色，很光滑，稍微有點凹凸。中肋在葉片背面擴展，鋪著細白毛。在枝頭的花是一朵至九朵成繖形，向側面開。花梗也是一條至九條，長度為三分至八分左右，被有腺毛，在梗的基部各有二片小苞。萼為針狀卵形，前端大多是尖頭但有些是鈍頭，完全沒有毛，為帶有紫色的綠色。花冠是淺紫紅色呈開口的鐘狀，長度為一分半到二分多。雄蕊比花冠短，花絲比花藥長且略高於花柱蕊，柱頭稍微肥厚，子房被有腺毛。

上述三種雖然多少呈現岩高蘭的樣貌，但是岩高蘭的葉片在葉緣沒有細齒，所以馬上就能夠分辨。當然只要看到花或果實就一清二楚。

岩高蘭：學名為 *Empetrum nigrum* L. var. *japonicum* Siebold & Zucc. ex K.Koch。

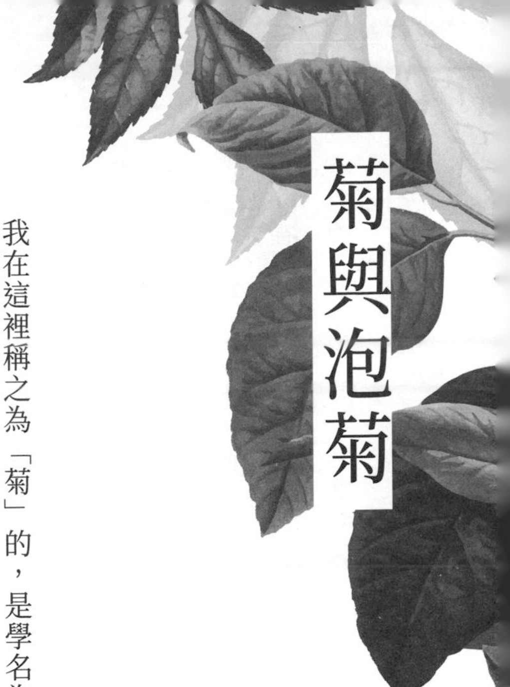

菊與泡菊

我在這裡稱之為「菊」的，是學名為 *Chrysanthemum sinense* Sabine 的這一種。

此外，油菊是又名泡菊的植物，學名為 *Chrysanthemum indicum* L.。

前種的菊就像大家所知道的，從培育的角度來看，分成大、中、小三類且是由原本的小型菊花在長久的歲月中逐漸進步，加上培養的結果才產生了中型，然後是大型的菊花。而其花色也是從最初的白色經由培育的結果，先產生了紅色，然後是黃色，再接著產生了各種不同的顏色。要是放任這些大型和中型的菊花自然生長不再加以干預，到了最後應該就會回復到小型的狀態吧！

今日我們用來觀賞的菊是從前由中國引進的。雖然在那些小型的菊之中好像也有源自於日本的，不過多數都是以中國種為根源。中國從很久很久以前就人為培育了野生的菊，也就是菊的原生種，在培育過程中產生了今日本人觀賞讚嘆的菊花，到了某年的某個機會，才首次將中國人培育出來的觀賞用菊花帶到我們日本。在日本視其為種菊，或是分株或是播種，再經年累月以各種手法培育，透過多數培育家的精心努力，才會不論是在形狀或是花色上達到今日的盛況。

但要是說這種菊花的原生種只分布於中國卻又並非如此，在我們日本也有。我們日本的菊要說是原生種那當然沒錯，但是假如說這個原生種就是以日本產的菊花系統為基礎培育出觀賞用的菊花的話，又絕對不是這樣。日本的菊是自千古以來便保持天生自然的野生狀態直至今日。在今日培育的小型菊之中，正好有和它同一種的菊，但這是因為有人在從前開始把日本的野生菊拿來栽培，或是由中國引進的觀賞用菊還原而來的，在今天就不得而知了。

相當於這種菊的原生種野生菊絕對不是那種龍腦菊，而是和它完全不同的物種。本草家前輩對於這種菊似乎知道得不多。到目前為止我還沒有看過明確記載這件事的書。但是在我們日本有野生種是很明確的事實，去年我首次從故鄉土佐獲得它。發現地是土佐吾川郡川口村的某處。這個地方位於川口村仁淀川沿岸，在通往其河畔的道路一側，許多岩石掉落的地方長很多這種花。我給了它們「野路菊」的新名稱。並且將其形狀發表在我的《日本植物志圖篇》第一卷上。那之後也在《日本園藝會雜誌》上刊登了彩色圖及觀察結果。在那次的發現之後，在土佐的須崎港附近及浦戶港附近都確認到有這種菊的分布。其高度可達三尺到四尺左右。正如常見的菊花那樣，莖在靠近梢（頂部）的附近分成三叉，在枝條上方再分枝開花，花色為白色，後來往往會成為紫紅色。排成一列的舌狀花直徑約為一寸到一寸三分，底部的葉子呈心臟形，其毛的分裂狀況與常見的菊花是一樣的。雖然在土佐以外應該也有分布，不

龍腦菊：學名為 *Chrysanthemum japonicum* (Makino) Kitam.。

野路菊：學名為 *Chrysanthemum japonense* Nakai。

過我在那之後就再也沒有得到過同種標本。而且正如我先前所說，在今日培育的小型種之中，有和野路菊這種野生菊花完全相同的，不過我無法判斷它們是出自哪裡。

龍腦菊是菊的一種變種，在日本國內到處都有種植，在名古屋附近則被廣泛栽培，並培育出各種各樣的變異菊種，不過無論再怎麼變化，它仍舊維持著龍腦菊該有的樣貌，絕對不會和普通的菊花搞混。

也有一種名為薩摩菊的菊花。這絕對不是菊花的原種。矢田部良吉將它視為菊花的一個變種，近來也有西洋人將其視為一個特別的種。但是我的意見和他不同，我認為它是潮菊的一個變種。潮菊中具有發達的舌狀花冠的就是此變種，另外也有舌狀花冠完全不發達的潮菊。有些只有稍微發達，有些相當發達，還有些是高度發達。正如花萼一樣，花冠發達的程度各不相同而且完全不統一，是潮菊的特色。薩摩菊則是其中的一種極端。

觀賞用的小菊正如前述所說的，是出自菊花，卻在不失去小菊的特

薩摩菊： 又稱翠菊，學名為 *Callistephus chinensis* (L.) Nees。

潮菊： 學名為 *Chrysanthemum shiwogiku* Kitam.。

色下，讓其變形並與前述的野生種進行育種，在這些小菊之中也有源自油菊的。那種被稱為寒菊的變種，自然是誰都能夠馬上看出它是源自油菊，其他也有不少是這樣。但如果以為只要看了小菊就能夠立刻區分那是源自於油菊或是菊的話，卻又不是那麼容易。這是由於在兩者之間有所謂的雜交種（Hybrid），到頭來就變得無法分辨它們究竟應該被分類到哪一屬。

油菊是從南方的印度經由亞洲東部傳到我們日本，然後再到了滿州朝鮮。在我們日本則是在中部以南的各州很常見。在東京附近有其中的一個變種，我將之稱為甘菊。又名麒麟菊的鷗菊雖然很可能是由這種培育出來的園藝品種，不過我一直無法找到實體，所以什麼都不能說。在各位讀者中假如有人持有這種菊花的話，若是能夠為了這門學問而將其花苗或是標本惠贈給我，就是我莫大的幸福。

如果有人認為菊屬的 *Chrysanthemum*（這是由意為黃金的 Chrysos，及意為花的 anthemon 兩個希臘文所組成）是為了前述的常見栽培菊種而

寒菊：學名為 *Chrysanthemum indicum* L. var. *hibernum* Makino。

甘菊：學名為 *Dendranthema boreale* (Makino) Ling ex Kitam.。

造的字的話，那就大錯特錯。*Chrysanthemum* 這個字是由法國的植物學家圖爾內福爾於一七〇〇年代造的字，而林奈在一七三五年首次鄭重地將它訂為一個屬名公開發表。當時被分類於這個屬的植物中，雖然有開白花的也有開黃花的，不過由於開黃花的物種既常見又很出色搶眼，再加上 *Chrysanthemum* 這個字已經存在了，於是林奈就用了 *Chrysanthemum* 當成這個屬的屬名。在當時的黃花種之中，主要的物種為油菊、孔雀菊、春菊、合肋菊等。而那種我們說的菊花則還沒有學名。

就像這樣的，所謂菊是在菊屬的屬名已經制定，但是在當時還沒有出現的一個物種，與 *Chrysanthemum* 的造字完全無關。在 *Chrysanthemum* 這個字被創造並且定為屬名經過了大約九十年之後，這種菊才首次進入這個屬內。雖然沒有學術性的記述，不過菊也就這樣被介紹給了歐洲人。例如布勞內先生出版於一六八〇年左右的著書，或是布魯克奈特先生出版於一六九六年的著書就是這樣。菊是於一七九〇年經由法國傳入英國，而法國則是於一七八九年由中國進口的。

約瑟夫・皮頓・德・圖爾內福爾：Joseph Pitton de Tournefort，一六五六－一七〇八，法國植物學家。

孔雀菊：學名為 *Chrysanthemum segetum* L.。

春菊：又稱茼蒿，學名為 *Chrysanthemum coronarium* L.。

合肋菊：學名為 *Chrysanthemum flosculosum* L.。

也因此菊是後來才加入這個屬的物種。但是由於它的花非常出色奪目，超越同屬的其他物種，以至於今日成為菊屬的主要代表。換句話說就是喧賓奪主。但是也像前述所說的，這種菊和 *Chrysanthemum* 這個字的成立完全沒有關係。但是世人，不，甚至有自以為是的學者說 *Chrysanthemum* 這個字是根據菊的花而造出來的，就實在是個很不足取的妄言。還有說要讓 *Chrysanthemum* 成為天皇的家徽等，當成開玩笑也就算了，其實完全不值得一笑。

另外，說菊是以黃色為正色那也是錯的，原色其實是白色。菊原本是白色的，是在培育的過程中配出了黃色的花。

福壽草

毛茛科（*Ranunculaceae*）是一個很明確的科（科是植物／生物學上的術語，指彼此之間有親緣關係的植物／生物的集合），在科中又再細分成好幾「族」。在這些之中有一個朝鮮白頭翁族，在這族之中又分成六個左右的屬。這些屬之中有一個是側金盞花屬，我們的福壽草就是屬於此屬，而我則將之翻譯成福壽草屬。

福壽草屬是由吉萊紐斯先生在一七〇〇年初期首次使用，而林奈則立即採用來當一個屬的名稱，並於一七三五年在其著作《自然系統》(Systema Naturae) 中公開發表，然後延用至今。而學名來源「阿多尼

朝鮮白頭翁族：Bercht. et C.Presl。

側金盞花屬：又稱福壽草屬，屬名為*Adonis*。

斯」(Adonis)是受到女神維納斯寵愛的少年，傳說中當這個少年被野豬害死的時候，從他的血中長出了這種草，這個故事被一直流傳下來，最後終於成為這個屬的屬名。歐洲產的福壽草屬，會開血紅色花朵的植物並不少，應該是因為這樣才有了前面說的這種故事。從植物學上來說的話，這種福壽草屬是具有下列形態的物種。

福壽草屬

為直立的草本植物，有一年生也有多年生的。葉片互生、多裂，裂片狹長。花單生於莖的頂端，是黃色、紅色或是淺紫色。萼片有五至八片，呈花瓣狀、有顏色，像是瓦片般互疊，在開花後散落。花瓣為五到十六片，很醒目、多數花瓣在基部有斑點，但是沒有腺巢。有多數的心皮，花柱短、有一個懸垂的卵子。果實是瘦果（achene），簇生成球狀或是穗狀，各個瘦果有宿存的花柱，呈小而短的喙狀。

這個屬和銀蓮花屬（*Anemone*）非常相近。也因此法國的植物學家拜永曾經將它跟白頭翁屬（*Pulsatilla*）合而為一，不過一般並不會這樣，還是把福壽草屬歸為獨立的屬。

現在全世界大約有二十六種植物是分類在這種福壽草屬之中，有些物種分布於歐洲，有些物種則分布於亞洲，也有極少數分布於美洲。現在就把其種類及產地列舉如下：

・夏側金盞花　*Adonis aestivalis* L.（歐洲、近東）
・敘利亞側金盞花　*Adonis aleppica* Boiss.（敘利亞）
・側金盞花　*Adonis amurensis* Regel & Radde（黑龍江地方、日本）
【福壽草】
・亞平寧側金盞花　*Adonis apennina* L.（歐洲）
・秋側金盞花　*Adonis autumnalis* L.（*Adonis annua* L.）（歐洲、近東）
・藍側金盞花　*Adonis coerulea* Maxim.（中國）

亨利・歐內斯特・拜永：Henri Ernest Baillon，一八二七－一八九五，法國植物學家及醫師。

- 金黃側金盞花　*Adonis chrysocyathus* J. D. Hooker & Thomson（喜馬拉雅山）
- 希臘側金盞花　*Adonis cyllenea* Boiss., Heldr. & Orph.（希臘）
- 短柱側金盞花　*Adonis davidii* Franch.（中國）
- 齒葉側金盞花　*Adonis dentata* Delile（歐洲、北非）
- 義大利側金盞花　*Adonis distorta* Ten.（義大利）
- 亞美尼亞側金盞花　*Adonis eriocalycina* Boiss.（亞美尼亞）
- 火紅側金盞花　*Adonis flammea* Jacq.（歐洲、近東）
- 敘利亞側金盞花　*Adonis fulgens* Hochst.（安納托利亞）
- 小果側金盞花　*Adonis microcarpa* DC.（歐洲）
- 巴勒斯坦側金盞花　*Adonis palaestina* Boiss.（敘利亞）
- 小側金盞花　*Adonis aestivalis* subsp. *parviflora* (Fisch. ex DC.) N.Busch（近東）
- 庇里牛斯金盞花　*Adonis pyrenaica* DC.（歐洲）

・維吉尼亞銀蓮花　*Adonis riparia* Raf.（北美）

・阿富汗側金盞花　*Adonis scrobiculata* Boiss.（阿富汗）

・北側金盞花　*Adonis sibirica* (Patrin ex DC.) Ledeb.（西伯利亞、阿爾泰）

・西伯索普側金盞花　*Adonis sibthorpii* Boiss., Orph. & Heldr.（希臘）

・蜀側金盞花　*Adonis sutchuenensis* Franch.（中國）

・春側金盞花　*Adonis vernalis* L.（歐洲）

・伏爾加側金盞花　*Adonis volgensis* Steven ex DC.（歐洲、近東、北亞）

除了這些以外雖然還有許多的名稱，不過那些都是列舉於上述的物種的別名。此外，根據某學者的說法，列舉於前的二十多種也許可以合併成幾個物種。

前述的物種能夠分成兩節。一是一年生的物種，在學術上將這類稱為

編註：側金盞花節，Sect. *Consiligo*，多年生草本，有粗根狀莖；花瓣白色、藍色或黃色，不呈黑紫色；夏側金盞花，Sect. *Adonis*，一年生草本，有細直根；花瓣橙色，中部之下黑紫色。

Adonia；另一節則是多年生的物種，稱為 *Consoligo*。屬於第一節 *Adonia* 的物種是開紅色的花，屬於第二節 *Consoligo* 的物種則開金黃色的花。我們的福壽草是屬於 *Consoligo* 這一節。

Adonia 節也就是一年生的物種雖然在日本沒有，但是在歐洲卻不少。換句話說，在前面列出來的夏側金盞花或是秋側金盞花、齒葉側金盞花、火紅側金盞花，或是小果側金盞花等都屬於這一節。而分布於歐洲的春側金盞花和庇里牛斯金盞花、亞平寧側金盞花以及伏爾加側金盞花則是和我們的福壽草同屬於 *Consoligo*。

我們的福壽草在日本各州都有分布。也就是說北從北海道，南至九州薩摩的盡頭為止，都自然生長於各州的原野、丘陵或是山間。由於它們的花非常搶眼，又比其他花還要早開，自古以來就被世人當成觀賞植物；它被當成日本過年時的應景盆栽而受到珍重的這件事，也是眾所周知的。

像這樣能夠供人栽培且大為讚賞的植物，地方上雖然未必如此，但是帶到如東京的都會來的植株絕對不會是從山上採來的野草，而是曾經被栽植培育過的。換句話說，那些植株全都是把前面所說的野生植株挖出來之後，才首次變成人為種植。著名的產地有武州青梅、秩父、信州、陸奧、岩代以及北海道等。在北海道札幌附近是只要春雪開始要融化時，這種福壽草就會在各處人跡罕至的山丘盛開。札幌居民會競相去採摘，種在盆栽裡讓自己在下雪後的幾個月能夠開心地賞玩。

正如前述，為了要將其帶到都會城市中，就從山上採下來種在家裡栽培、培育，從中配出各種各樣的變異品種，或是把恰巧發現自生於自然界中的特殊植株採集下來，成為今日育種園藝家的珍品，幫它們取各種園藝上的名字，大為珍視。

賞玩福壽草變種的流行是從文化時代開始。而隨著賞玩的流行，市面上自然就會出現各種珍品。在那個時候，出現了許多奇妙的植種。雖然黃色是花色的原色，但是在其變種之中，有先是白色後來逐漸變成淡黃色的、非常接近白色，或是淺綠、紅、淡黃等各式各樣的顏色。而其花形也有分簡單的重瓣花，變化很大形成二層或是三層的特異品，或是花瓣大為重疊形成像是雙層菊花。另外還有稱為「撫子開」——在花瓣前端裂開，看起來像是瞿麥花瓣那樣的形狀，此外還有不少其他的畸形。英國「邱植物園」(Kew Garden)的漢斯雷先生在一八八七年出版的《園丁紀事》(The Gardeners' Chronicle，英國出版的園藝雜誌名稱)上對世人介紹了這種植物的許多變種。當時透過伊藤篤太郎的斡旋下，在邱植物園購買的日本書籍中，有一本關於福壽草評論的小冊子。這本小冊的書名應該是《福壽草新圖》，內容蒐集了福壽草的二十一種園藝產品並加以說明。由於這種福壽草最適於生長在寒冷地方，所以在北海道的品種會長得相當粗壯並且頻繁繁殖，但是九州的則比北海道附近的要來得小型，長得不好，產量也少。

福壽草的產地不是只有日本而已，在庫頁島以及其對岸的黑龍江地區也有分布。據了解，在中國還有三、四種別的物種，不過還不曾聽說過在中國有這種福壽草。除此之外，我認為將側金盞花、長春菊、歲菊、雪蓮及報春花等漢名用在這種福壽草上是不正確的。

福壽草（承前）

關於福壽草的學名有以下的歷史。這個物種第一次出現在西方學者眼前是在一八四〇年左右。而在一八四三年的時候，名為楚卡里尼的學者給了它 *Adonis sibiriеca* Patr. 這個學名加以發表。在出版於一八五二年的《亞洲學報》(Journal asiatique) 這份雜誌上，霍夫曼及舒爾茨兩位專寫了日本的植物目錄，其中便引用了北側金盞花 *Adonis sibiriеca* Patr. 的學名。然而這當然是個錯誤。直到一八五九年，馬克西莫維奇先生在他的著作《黑龍江植物誌》中，把它當成 *Adonis apennina* 的一個變種 *davurica*，給它 *Adonis apennina* L. var. *davurica* Ledeb 這個學名加以發表。那個標

楚卡里尼：Joseph Gerhard (von) Zuccarini，一七九七－一八四八，德國植物學家。

霍夫曼：J. J. Hoffmann，一八〇五－一八七八，德國學者。

舒爾茨：Julius Hermann Schultes，一八〇四－一八四〇，奧地利植物學家。

本當然不是日本的，是採自於黑龍江省黑龍江右岸的帕雷亞山中及其附近地區。由於那個標本殘缺，應該是沒辦法進行充分地檢視。所以我雖然用了前述的學名，但那也是一個錯誤。後來再經由拉迪及馮里格爾兩位的正確檢視，首次證明它是一個新種，給了側金盞花新的學名 *Adonis amurensis* Reg. et Radde.，並於一八六一年發表圖說。後來還有弗朗謝先生的進一步研究等。這個學名沿用至今。

現在把福壽草的形狀記述如下。

多年生，具有強壯且分成許多根的草本植物，沒有毛或僅有稀疏的毛。莖：長從三寸至一尺，單一或是分支，直徑大概有天鵝的羽莖左右。下部無葉，但是覆有一寸左右的白色膜質長鞘片。鞘片的上部有時會在其末端有葉子。莖葉：（其實是二片或三片葉子連在一起），長寬大約都在三寸至六寸之間。雖然其下方的莖葉會有葉柄，但是位於上方的則無。葉子的外形是卵圓形，是葉片直到基部都裂成三片的三裂葉。其裂片（真的就是葉子）分裂成羽狀或是分裂至其基部。最末裂片簇集呈線

帕雷亞山：為音譯，日文為パレヤ山。

拉迪：Gustav Radde，一八三一—一九〇三，德國博物學家。

馮里格爾：Eduard August von Regel，一八一五—一八九二，德國植物學家。

弗朗謝：Adrien René Franchet，一八三四—一九〇〇，法國植物學家。

狀長橢圓形，為銳利的羽狀裂。葉色在表面為深綠色，背面的顏色淺。位於其下部的葉柄（其實是枝條也就是第二軸）大約在三寸左右，和線狀膜質的鞘連在一起，或是長在鞘的腋部。花：直徑在九分至一寸七八分左右，長在本莖的頂端，有粗短的花梗。最常見的是金黃色的。〇萼片為長橢圓形，鈍頭、內凹、淺綠色，其背面通常是深色。花瓣：由十二瓣至十五瓣，比萼片長。呈狹長的長橢圓倒卵形或是幾乎是抹刀形，在圓形的花瓣前端全邊都是咬痕狀。雄蕊：數量極多，長度約為花瓣長度的三分之一。花藥細小呈長橢圓形、黃色。心皮聚集在一起形成球形，長有細毛。花柱和子房同長，有弧度。成熟的心皮（也就是瘦果）呈球形且密布細毛，花柱呈鉤狀，在心皮上彎曲。

福壽草的葉子實際上是由二片或三片的葉子簇生在一根枝條上，也因此即使有些花只在中莖頂部開一朵，但有些枝上卻沒有花。這種有枝的狀態和其他的 *Consoligo* 也是一樣，是弗朗謝先生告訴我的。

弗朗謝先生認為日本還有別種福壽草，在一八九四年時命了學名。而

那個學名就是 *Adonis ramosa* Franch.。這一種福壽草的每條莖都有分枝，並且在各個枝條的末端都各開一朵花，在主莖上也會長一朵花。這一點和前述的 *Adonis amurensis* 這種福壽草是不同的。

我想了一下。雖然弗朗謝先生像這樣將福壽草分成兩種，可是原本應該是同一種。也因此我在明治三十四年的《植物學雜誌》上，將其中之一視為變種記載如下。

- 側金盞花（*Adonis amurensis* Reg. et Radde.）
- 側金盞花變種（*Adonis amurensis* Reg. et Radde var. *ramosa* Franch. Makino）

原本在日本所稱的福壽草包含了前述兩種，並沒有加以區別。因此平時提到福壽草時，就不知道指的究竟是哪一種。迫於無奈，我只好像前面寫的那樣，給了其中之一側金盞花變種這個新名字，以便和另一種一

明治三十四年：西元一九〇一年。

側金盞花：學名為 *Adonis amurensis* Regel & Radde。

莖一花的有所區別。但是在仔細研究過之後，發現在日本似乎是以這種側金盞花為多數，所以我現在就把這種稱為福壽草，把另一種改稱為いちげふくじゅそう。

福壽草又稱為元日草。此外還有朔日草（ついたちそう）、ふくじんそう、ふくずくさ、ふじぎく、ふくとくそう、まんさく、たけれんげ、しがぎく、さいたんげ等的別名。

福壽草一向有許多的變種，這在各種各樣的書籍中也能夠看到，但是假如想要做出更奇特有趣的品種的話，只能夠經由人工培育、配種，或是從歐洲等地訂購各種植株品種加以培養，再和日本的配種來做出各種各樣的雜交種，這對園藝家來說應該是極為有趣的事情。舊時代聽天由命交給大自然處理的變種製造法已經不再是日本國民的堅持，現在應該要能夠向各方面躍進才行。特別是日本的育種家，不應該對人工媒合視若無睹。這個方法是造出與眾不同的植株的關鍵之一，但是人們卻不怎麼重視，真是很讓人遺憾。整體來說，日本的育種家很少有人學過普

いちげふくじゅそう：ichige fuku jusou。

通植物學，所以既不知道媒合的原理和方法，又缺乏慢慢等待成果的耐性，所以通常就不會以這種技術為職業。今天，將一切交給大自然，等待變異植株產生的僥倖等，不是反倒是迂迴繞路嗎？

日本的福壽草只不過是其中之一而已。鄰國中國也有三、四種，全都是日本沒有的物種。接下來就對那些做個介紹。

(1) 北側金盞花

學名 *Adonis apennina* L. var. *dahurica* Ledeb.

這種植物產於蒙古北部的韃靼。這是分布於歐洲的 *Adonis apennina* 的一個變種，和日本的福壽草非常相近。也因此正如前述，馬克西莫維奇先生就把它當成福壽草。而赫姆斯利先生則把這一種視為春側金盞花。但是根據馬克西莫維奇先生的說法並不是這樣。這種植物也分布於朝鮮。此外，在貝加爾及烏拉地方（山脈）也有產這種植物。

編註：此處保留當時作者時代之學名。

威廉・博廷・赫姆斯利：William Botting Hemsley，一八四三－一九二四，英國植物學家。

(2) 藍側金盞花（淡紫色福壽草）

學名 *Adonis coerulea* Maxim.

這種植物是產於甘肅省和西藏東北部的多年生小型草本植物，有很多莖，莖上也有很多的葉子。花細小，呈淡紫色，也有白色或淺紅色的。

(3) 短柱側金盞花

學名 *Adonis davidii* Franch.

這個物種和前述的藍側金盞花很類似。產於四川省。

(4) 蜀側金盞花（四川省福壽草）

學名 *Adonis sutchuenensis* Franch.

這個物種和我們的福壽草很類似，產於四川省。

以上這四種是我所知道，中國產的福壽草屬物種。

在歐洲有紅花的福壽草，不過那是一年生，花是紅色的這件事不是很有趣嗎？能方便去歐洲的人應該可以弄到它們的種子吧！像夏側金盞花、秋側金盞花都是紅花種。

(5) 雪妝鐵線蓮（轉子蓮）

雪妝鐵線蓮是鐵線蓮的一個變種，是由人培育出來的。雖然有人用 *Clematis florida* Thunb. var. *Sieboldii* A. Gray. 當成它的學名，但這並不妥當。雪妝鐵線蓮並不是鐵線蓮的變種，而是前述轉子蓮的一個變種。雖然雪妝鐵線蓮不論在莖和葉上都跟轉子蓮沒有不同，不過花卻是重瓣的。花色為白色或是帶點淡紫色。花下面的葉子與其他葉子不呈對生，而是數葉輪生，有時在內部呈花瓣狀。這種輪生葉比花長，又有長的葉柄，有單葉的也有很深的三裂葉。還有些是三出複葉。顏色為綠色，和常綠葉的質地相同，葉叢有時候密接在一起，讓花看起來很像無梗，但也有些則和花的距離較遠，能夠很明顯地看出梗。花在展開時的直徑約在三寸左右。萼片變窄，基部成為花柄，外側的雄蕊變形得看起來和萼

雪妝鐵線蓮：學名為 *Clematis patens C.Morren et Decne.* Yukiokoshi。

鐵線蓮：學名為 *Clematis florida* Thunb.。

轉子蓮：又稱大花鐵線蓮，學名為 *Clematis patens* C.Morren et Decne.。

片有同樣的形狀和大小，數十片重疊在一起變得像重瓣一樣。每一片都有紅色的柄，頂端變得尖細，全部都在背面有細軟毛。形狀為倒披針形或是倒卵披針形。位於內側的雄蕊則保有原本的形狀，形狀有時比花的變化多一些。其中有花藥有毛的，或是花藥的上半部變成花柱，除了上端部分以外都密生著毛。雄蕊比花瓣短很多，和原種沒什麼差別。這種植物雖然應該在各處都有被種植，但是我卻是在下野日光的人家中看到實體。花的顏色帶著很淺的紫色。小石川植物園裡也有。我隱約記得在小石川植物園裡的是開白色的花。

這個變種應該是來自中國吧！

III 各種植物

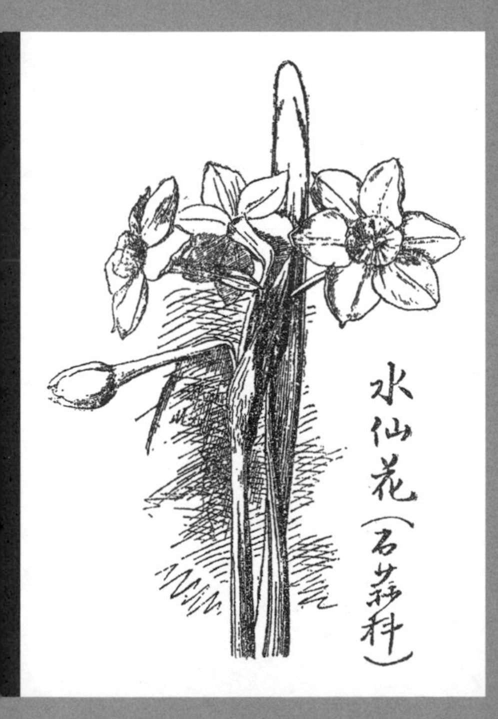

水仙花（石蒜科）
水仙花（牧野富太郎筆）

梓弓

在《萬葉集》中有著這樣的古歌：

八隅知之……御執乃……梓弓之。

在這裡吟詠的日本櫻樺是我們日本的特有植物，在中國並沒有這種植物。從而拿「梓」這個字來套在這種植物上是錯的。把日本櫻樺當成梓是從前學者的錯誤，是認識不足造成的結果。

那麼，梓是什麼樣的樹呢？其實那是一種只產於中國的落葉喬木，和

譯註：全原文為「八隅知之 我大王乃 朝庭取撫賜 夕庭 伊緣立之 御執乃 梓弓之」。意為「統治八方的大王。對您最愛的梓弓。早上拿起它撫摸，晚上也站在它旁邊」。

日本櫻樺：アズサ（azusa）、ミズメ（mizume）或ヨグソミネバリ（Yogusomine-bari），學名為 *Betula grossa* Siebold & Zucc.。

梓樹是同屬的近緣種。白色合瓣的唇形花開成穗狀，後來會像梓樹那樣長出長莢形的實。我曾在一份名為《本草》的雜誌創刊號上刊載過它的圖說，並且幫梓取了新和名，但是那種植物的實體還沒有來到日本過。

梓在中國被稱為木王，尊為百木之長，沒有比梓更好的樹了。也因此，把一本書的內容雕刻在木板上的行為稱為「上梓」，出版書籍的這件事則稱為「梓行」。

將日本櫻樺念作アズサ的稱呼雖然很古老，但是現在也仍舊以方言的形式保留在各地的山區。以這些方言而解明了它實際是哪種植物的功績，必須要歸給已故的白井光太郎博士。

從前會用日本櫻樺製作弓，從信州等山區地方向朝廷進貢，也就是所謂的「梓弓」。

今天，植物界一般是將這種日本櫻樺稱為ミズメ或是ヨグソミネバリ。只要去到山裡面就能夠看到這種植物。這是一種樺木屬植物，為大型的落葉喬木。假如試著砍下一根樹枝聞聞看的話，就會聞到一種臭

梓樹：キササゲ（kisasage），學名為*Catalpa ovata* G.Don，英文為 yellow catalpa 或 Chinese catalpa。

味，所以能夠立刻加以分辨。以這種木材製作的物品，包括在安藝的宮島販賣的勺子和托盤等。

熱海的緋寒櫻

雖說已經到了春天，但還是吹著和冬天一樣的西北風，讓樹枝沙沙作響。要是說在這裡那裡已經開著大量的花的話，應該每個人都會睜大眼睛覺得很驚訝地問說：「那是什麼啊！」然後雖然大家也會異口同聲地說：「在這麼冷的天氣，不可能會開那樣的花啦！」不過那只是很怕冷而窩在家裡不出門的人所說的話，大自然卻並非如此。即使是在我們覺得非常寒冷而且快凍僵的時候，植物也是毫不在意的。

據說從前在後水尾天皇的時代，才首次從朝鮮到日本來的蠟梅是最早開花的，在一月就已經開始開花。其中還有些樹在十二月就已早早開花

後水尾天皇：日本第一〇八代天皇，一六一一年五月九日－一六二九年十二月二十二日在位。

了。

雖然自古就把梅花說成是百花的先鋒，但是蠟梅卻比梅還要更早開。雖說名字裡同樣有個「梅」字，但是假如認為它和梅是同類的話，那可就是大錯特錯。因為縱然名字是蠟梅，卻是與梅的親緣相距甚遠的花木。

不過這原本就是來自外國的，怎麼樣都好，在我們日本也有開花的時期不輸給這種蠟梅的花，既有日本山茶，也有日本榿木。

說到梅很早開花，就讓我想起來在一月分去伊豆的熱海時，已經有紅色的櫻花開著。從前在熱海並沒有這種櫻，不過大概是在距今四十年前左右，有人把它們帶到熱海來的吧！由於熱海很暖和，所以即使是在戶外也長得很好，現在終於能在熱海看到幾棵樹了。

這種櫻的名字稱為彼岸櫻，或是寒緋櫻。這種櫻原本是生長在臺灣的山區，然後在很久以前被引進琉球，再從琉球來到薩摩，長期栽種於九州南部。也因此，在九州南部可以看到長得相當大的樹。有很長一段時期，都不曾有人將它帶到關東地區。不過在大阪周邊的花匠把它種成盆

日本山茶：學名為 *Camellia japonica* L.。

日本榿木：學名為 *Alnus japonica* (Thunb.) Steud.。

彼岸櫻：學名為 *Prunus* × *subhirtella* Miq.。

寒緋櫻：又稱山櫻花，學名為 *Prunus campanulata* Maxim.。

栽，在他們之間應該有點知名度，也可能有少數的盆栽被東京的花匠帶過來，但是沒有想到要直接種在地面上。

這種樹在被帶到熱海來之後竟然長得非常的好，於是在熱海就年年都有這種花開著了。

幫這種寒緋櫻命學名的人是植物學家馬克西莫維奇。

熱海應該要多多栽種這種寒緋櫻，讓熱海成為寒緋櫻的勝地才對。

俚謠的謊言

在膾炙人口的潮來節民謠中，有著：

潮在潮來出島的茭白筍中　来出島のまこもの中に
開花的菖蒲很討人喜歡　アヤメ咲くとはしおらしい

聽《潮來圖誌》這首民謠的原曲時，我發現在句末的部分稍微有點不同，是「不知道菖蒲有沒有開花」。而在後來不知道是誰把「不知道」（つゆしらず）改成「討人喜歡」（しおらしい）。

由於這首民謠真的是很好聽，文辭也佳，又把情境表達得很好，其他名句還有：

你是初三的月牙啊　きみは三夜の三日月さまよ
晚上才看了一眼　宵にちらりと見たばかり
就比因墜入情網而鳴叫的蟬　恋にこがれてなくせみよりも
不叫的螢火蟲更為愛情受煎熬　啼かぬ螢が身を焦がす

或是

受到戀愛中的老鼠吸引　恋のちわぶみ鼠にひかれ
想要能抓老鼠的貓　ねずみとるよな猫ほしや

等等歌詞和潮來節的民謠一樣在世間廣為流行，有名到任何人都能唱。

譯註：直譯為「愛在心中口難開」。

但是如果從現實中去觀察並評論這首歌謠的話，就會發現這首歌謠中所使用的名詞有所矛盾，從這一點來看的話就絕對不能將之稱為好的歌謠。

但是假若不要這麼挑剔，以一般人的認知而言，大概就能夠說是好聽的歌謠。

現在，我想就真實面來看，從好事者的角度來評論這首歌謠。到目前為止，應該不曾有過像我這麼多管閒事的人吧！

那麼，要對此作批評的話，需要先有點背景知識。也就是在這首歌謠中出現的植物：茭白筍和溪蓀。

茭白筍在從前被稱為カツミ。茭白筍是一種生長在水中的常見禾本科小草，從而在水鄉是隨處可見，到處都長得很繁茂。

首先我們必須要知道，溪蓀很明顯地區別成兩類。

其中之一是從前的溪蓀，現在稱為水菖蒲的植物。那也就是在五月的端午時會用到的水菖蒲。這是生長在水中的水草，所以會跟茭白筍一起

茭白筍：マコモ（makomo）或カツミ（katsumi），又稱真菰，學名為 *Zizania latifolia* (Griseb.) Hance ex F.Muell.。

溪蓀：アヤメ（ayame），學名為 *Iris sanguinea* Donn ex Hornem.。

水菖蒲：ショウブ（shobu），學名為 *Acorus calamus* L.。

生長在水中，絕對不會長在陸地上。只不過當水退了或乾涸的時候，它們可能會在剩下的泥漿中殘存，但卻也只是暫時性的。這種水菖蒲的花很不起眼，外行人可能連花開在哪裡都看不出來。因為水菖蒲的花穗顏色和葉片的顏色相同，所以不會引人注意。

另一種是現在所說的溪蓀，這種僅限生長於陸地上，絕對不會在水中看到。

也因此，它不可能會和生長在水中的茭白筍一起被看到。這種溪蓀會開出像燕子花或是花菖蒲那樣的美麗紫色花朵，是大家都很熟悉的。

那麼，現在已經有了這麼多背景知識的話，就能夠對這首歌謠進行批評了。

讓我們先來檢討在這首歌謠「在潮來出島的茭白筍中，開花的菖蒲（アヤメ）很討人喜歡」中的「アヤメ」。一般人應該會把這個當成是開出紫色的美麗花朵——現在所稱的溪蓀吧！假如不是這樣的話，「討人喜歡」的句子就不成立。

燕子花：學名為 *Iris laevigata* Fisch.。

花菖蒲：又稱玉蟬花，學名為 *Iris ensata* Thunb.。

再進一步思考看看的話，可以想像這首歌謠的作者也多半應該是拿這個溪蓀當素材的吧！此外，編輯《潮來圖誌》的作者也是一樣的，在念頭中想的是這個溪蓀，只要看這本書的扉頁圖就能夠證明。那個圖雖然畫得很樸拙，但是怎麼看都像是在畫溪蓀，所以可以推測那是要搭配這首歌謠才畫的畫。

這麼一來，由於這是陸生植物，絕對不會跟水草茭白筍混在一起生長在水中，所以唱「在茭白筍之中開著アヤメ」就會跟事實不符。要是這種溪蓀的話，「討人喜歡」這點是沒問題的。但是「在茭白筍之中」就傷腦筋了。

這假如是燕子花的話，由於它是長在水裡的，不會發生任何問題。不過很不幸地是燕子花並沒有「アヤメ」的別名。不，實際上這是燕子花，只是由於音韻上不好聽，所以暫時借用同類的アヤメ的名字而已。這是在非常同情這首歌謠時的考量，而且萬一真的是這樣的話，也這樣就算了。

如果是這樣的話，那麼把歌謠中的アヤメ視為從前的アヤメ，也就是現在的水菖蒲來看看。這麼一來，雖然「在茭白筍之中」是合格的，在「討人喜歡」的這一點上卻是不及格。因為這種水菖蒲的花一點也沒有討人喜歡的樣子，真的是很無聊一點也不奇特的花。

因為如此，有一好就沒兩好，如果一方是對的，另一方就是錯的。會陷於進退兩難的困境之中，動彈不得。

不論再怎麼思考，從實際狀況來看的話就完全無法突破，得不到合適的結果和答案。也因此，這樣看來，就會認為這首著名的歌謠是不符事實的無趣作品了。

若是把這首歌謠看成是在荒煙漫草的偏僻地方，竟然出現了如此罕見天藍色美麗的藝妓，而且越發「討人喜歡」般的有情調歌謠的話，就完全不必聽我前述那些絮絮叨叨的煩人說明，那樣也是可以的啦！

御菜葉考

在過去，會利用各種各樣的樹葉來盛裝食物，那也就是「カシワ」。カシワ這個名字是各種葉子的總稱，換句話說，只要是用來裝食物的葉子，全都稱為カシワ。

現在則是因國而異，用其葉子來包各種不同東西的ホホノキ，在古時候被稱為ホホガシワ。現在雖然只把「槲」當成是カシワ專用的名字，但是在古時候則是更廣泛的術語。

然後，由於似乎真的使用了很多各種不同的葉子，有時候甚至是用椎的樹葉來承裝食物，於是就有了這樣的歌：

カシワ： kashiwa，槲樹，學名為 *Quercus dentata* Thunb.。

國： 舊時的地方自治團體。

ホホノキ： hohonoki，日本厚朴，學名為 *Magnolia obovata* Thunb.。

ホホガシワ： hohokgashiwa。

若是在家裡就將飯裝在食器中　家にあらば笥にもる飯を草枕
要是去旅行時則用椎葉來盛　旅にしあれば椎の葉にもる

我認為這應該是先鋪好帶枝的椎葉，再將飯糰放在上面的意思。這就正好像是把油豆腐等放在檜柏的葉子上面一樣。由於大多數的人會把這解釋為把飯放在一片椎葉上面，於是在這之間就產生各種爭議。

那麼，關於カシワ的語源據說可能由「炊ぎ葉」（煮葉）的略稱而來，也有別種說法認為是來自「堅し葉」（硬葉）。由於食物是盛放在葉子上的，所以負責餐食料理的人，也就是廚師，後來就被稱為「膳夫」（カシワデ）。

被如此使用的各種葉子之中，最常被用到的可能是「野桐」的葉子。這是由於這種樹在我們周圍最為常見，也最容易入手。這種葉子被廣泛使用的結果，就是「カシワ」這個名字現在也還存在，只是有時把常見

炊ぎ葉：kashigiha。
堅し葉：katashiha。
カシワデ：kashiwade。
野桐：アカメガシワ（akamegashiwa），又稱野梧桐，學名為 *Mallotus japonicus* (L.f.) Müll. Arg.。

的「北美紅橡」（アカガシワ）稱為アカメガシワ，或是在「梓」（カワラガシワ）前面加上紅葉、紅或是河原等的形容詞，即使名字有所改變，也仍舊存於現在。

在田裡祭祀的地方，有些會特別使用這種北美紅橡的葉子盛放白米來供奉；有時候在一些神社也會把食物放在這種葉子上，當成供奉給神明的祭品。換句話說，從前在民間普遍使用北美紅橡葉子的習慣留存至今。

由於「ゴサイバ」是盛菜用的，所以日文漢字寫成「御菜葉」，它的另一個名稱為「サイモリバ」，也同樣是用來盛菜所以寫成「菜盛葉」。在有些地方則將它稱為「スシシバ」。它的漢字為「鮨柴」，是因為拿來包壽司而得到這個名字，據說這樣一來，那個葉子的香氣就能夠染到壽司上，讓它變得更加美味。

原本在御菜葉的標題下面，就應該要以和北美紅橡相關的事實為主體來書寫才對。

但是縱然如此，在翻閱《大言海》的時候，會看到：

アカガシワ：akagashiwa。
アカメガシワ：akamegashiwa。
カワラガシワ：kawaragashiwa。
ゴサイバ：gosaiba。
サイモリバ：saimoriba。
スシシバ：sushishiba。

「ごさいば，名詞，御菜葉：因為將葉子用來盛放菜餚，與桐的葉片很像。為いちび的別稱。在《倭訓栞》的後篇則是ごさいば：御菜葉之義，用來盛放菜餚的東西，又稱為いちび」，僅此而已。我在看到這個的時候，對於冠有這個「大」字的《大言海》就感到相當不滿意。畢竟對於「ゴサイバ」只有這樣的短短記述實際上是無法好好表現它的本質，實在是非常遺憾。

在《大言海》中則是忽視北美紅橡，僅以「イチビ」當主體，寫說「ゴサイバ」即是「イチビ」的別名而已。雖然稱作イチビ的錦葵科的植物也有「ゴサイバ」的名字，但那卻是外來種植物，並非日本人自古以來就把食物放在葉子上面的那種御菜葉。無論如何，在《大言海》中漏掉了北美紅橡這種御菜葉的這件事，從辭典的使命來看，就會認為它並不能夠說是盡到該負的責任。

イチビ：ichibi，中文為茼麻，學名為 *Abutilon theophrasti Medicus*。但是野桐在日文中也有「イチビ」的別稱。

木通的果實

第五十九代天皇——宇多天皇的手跡，出現在距今一千零六十一年前的古時候，即寬平四年由僧人昌住所著，我國自建國以來的第一部辭典《新撰字鏡》，把アケビ寫成「蕑」，還寫著「蕑，開音山女也阿介比又波太豆」，昌住和尚還真是很乾脆呢！

在大正六年發行，由上田萬年博士等四人共同編撰的《大字典》中，則寫道「木通的果實在成熟之後會打開，那個形狀和女性的陰部極為相似。於是以會意的方式造字，在艸部下面加個開字。開是女陰的稱呼，在《和名鈔》中可見」。

寬平四年：西元八九二年。

アケビ：akebi。

譯註：意為「蕑，開音，山女也。阿介比（akebi）又名太豆。」

但是在《和名鈔》也就是《倭名類聚鈔》中是把女陰寫成玉門，只是在玉莖（陰莖）下的開字註解中寫著「以開字為女陰」而已。

我的故鄉，土佐的高岡郡佐川町是把女陰稱為「オカイ」也可作「御カイ」吧！換句話說，カイ是從上古就流傳至今的語言。

總而言之，アケビ是描述成熟果實裂開像是張開嘴巴的樣子。因此可以認為木通的名字是來自其果實是縱向裂開的樣貌。

因此，有些學者認為木通（アケビ）的語源是形容縱裂的詞（アケツビ），白井光太郎博士就是其中之一。

另外也有人認為アケビ是來自於「開け肉」，或是打呵欠的「欠」。這是根據個人的想法不同，但不論哪一個解釋都能夠說得通，不過「山女陰」的說明比較搞笑有趣，而且既然從很久以前就已經早早把它寫成「蔄」或是「山女」，應該先贊同這個比較好吧！

這個語源很不容易在年輕女性的面前說明。但是由於現在有許多有話直說的勇敢女性，反而可能會懷抱著興趣來聽呢！在我從前寫過的川柳

オカイ／御カイ：讀音皆為 okai。

アケツビ：aketsubi。

譯註：開け肉(akemi)：打呵欠的日文漢字寫作「欠伸」，讀音為akubi。

中，有一首是：

女客　在アケビ之前側身轉頭
原來如此　觀察入神　原來是アケビ

女客、アケビの前で横を向き
なるほどと眺め入ったるアケビ
かな

木通是果實的名稱，藤蔓則稱為木通蔓（アケビカズラ）。

在日本有兩種木通。在植物界裡把其中之一稱為木通，另一種稱為三葉木通（ミツバアケビ），而木通其實又是這兩者的統稱。

在市面上販賣的木通籃子是採集由木通蔓的根部延伸到地面爬行的長藤蔓製成的。常見的木通則沒有這種藤蔓。

木通蔓果實的皮是鮮紫色，非常美麗，一般木通的果實的皮則沒有那麼漂亮。成熟木通果實的果皮很厚。經常有人在取食內部的果肉之後用油炒剩下的果皮、調味之後食用，也相當風雅。

アケビカズラ： akebikazura。
ミツバアケビ： mitsubaakebi。

靈草毒茄蔘

人參是種在東洋被稱為神草的植物。這種植物在生長的時間久了之後，其根部會呈現像是有手腳四肢的人形，而這種呈人形的人參是最為珍貴的。

話說回來，這種人參是種非常難得的植物。據說有時候在每天晚上都像是在呼喚人那樣哭泣，有時候在長有這種草的上方會飄著紫色的瑞氣。又有人說那是明亮的瑤光星破碎，從天而降進入地裡，再變化成人參的。此外，其威力能夠讓不想死的人也去上吊，或是讓很可愛的女孩賣身。

毒茄蔘：又稱曼德拉草，學名為*Mandragora officinarum* L.。

就因為有這些故事，人參自古以來就被視為無可匹敵的神聖靈草而被尊崇著。

在西洋也有一種靈草毒茄蔘，被認為是可以和這種東洋靈草人參一較高下的強力競爭對手。在此我就對這種西洋的靈草毒茄蔘稍加介紹。

毒茄蔘是從前被用來當作麻藥使用的植物。這種植物的屬名為茄蔘屬（*Mandragora*），這其實是古代知名的醫學家希波克拉底使用的名字。據說這是源自希臘文，對家畜有害的意思。這種植物是屬於茄科的有毒植物。

這種毒茄蔘具有所謂的牛蒡根，在其根部叢生著卵形或是披針形的根生葉。花略大、鐘狀、藍紫色，有白色或是紫色的網狀脈。花有臭味。果實為球形或是長橢圓形的多汁漿果，在五月時會成熟並且變成黃色。

這種植物產於地中海地方或是小亞細亞。

毒茄蔘在古時候由於其藥用價值而備受推崇。據說在這種草的根部含有讓瞳孔放大的成分。

從前有個叫做約瑟夫的人說：

「雖然說只要接觸到這種毒茄蔘就必死無疑，但也不是沒有避免的方法。

在採這種毒茄蔘的時候，首先要挖掘草的周圍，把狗跟這種草綁在一起。狗沒辦法掙脫，就會把草從地裡拔起來。但是那隻狗卻會中了草的毒氣而死亡。」

這種毒茄蔘的根有時候會像分叉的白蘿蔔一樣分成兩股，看起來就像個娃娃一樣。所以古時候的人似乎就是因此而認為這種植物很神祕，並且開始傳說這種草的根是激發色情的催情藥。也因為如此，在古時候的藥用草木書中，才會出現許多充滿異想天開的人形想像圖。而且那還有男女之別，男性的頭髮長而蓬亂，女性垂下的頭髮非常長又濃密。

這種傳說至今仍然沒有被遺忘，這種草現在也仍然受到珍視和栽植。此外，也有地方誤把這種毒茄蔘當成百合科的戀茄使用。這種植物在西洋被稱為戀蘋果或是惡魔蘋果，而且在《舊約聖經》中也有被提及。相傳只要佩戴這種草，就能夠成為讓彼此墜入愛河的戀愛咒語，所以在那個時代的青年男女似乎都很愛使用這種植物。

從前的人想像這種草從地上拔起來的時候會發出哭泣聲。那很可能是由於這種植物的根往往分叉成為兩股，很像人形，所以才會陷入這種迷信。此外，正如我前面所說過的，它也被當成催情藥，應該也是從它的形狀像人而聯想到的吧！

從前還會拿毒茄蔘來除魔或是驅邪。這種惡魔是聞也聞不出來、看也看不見的幽界魔物。

這種植物從前在歐洲也曾經非常流行。調香師用刀子在這種毒茄蔘分叉的根的基部，雕刻男女的性器官象徵並排在一起說：「來啊來啊大家來啊，想要生男孩的人請買這邊，想要生女孩的人請買那邊」，然後將這些賣給孕婦。

這種草原本就是有毒植物。並且被當成催吐劑或是瀉藥、麻醉劑使用。在過去主要是利用其麻醉性，當成麻醉劑或是鎮靜劑使用，不過現在已經不再這樣用了。此外，正如前面所說的，這種草也被當成催情劑使用。

在這裡很有趣的事情是，著名的英國戲劇作家莎士比亞也在他的作品中寫到這種毒茄蔘。從《馬克白》、《安東尼與克麗奧佩托拉》到《羅密歐與茱麗葉》中都有這種毒茄蔘登場。

毒茄蔘，也就是曼德拉草經常被誤認為狼毒，但是狼毒這種有毒植物原產於中國，所以這是錯誤的。

此外，也有書籍把曼德拉草寫成「曼陀羅華」，但這只是由於發音相似的巧合而已，其實是大錯特錯。曼陀羅華是屬於茄科的洋金花，又名「瘋狂茄子」，是和毒茄蔘有著天壤之別的草。

中江兆民老師則不愧是很厲害的人。兆民老師在談論毒茄蔘的時候寫到「在日本沒有屬於茄科的植物」。

這種毒茄蔘，也就是曼德拉草雖然是如此有名的植物，卻從不曾來到日本。其他很像流氓般的外國草類卻不斷地進來日本，這究竟是怎麼回

編註：曼德拉草的日文讀作「mandoragora」，曼陀羅華讀作「mandarage」。

洋金花：チョウセンアサガオ（chosenasagao），又名「気違い茄子」（kichigainasubi），意指瘋狂茄子，學名為*Schisandra chinensis* (Turcz.) Baill.。

事呢？

由於現在是色情的全盛時代，要是從歐洲訂購這種植物加以栽植、販賣的話，一定會非常暢銷。假如你有聽我的這個祕計賺到錢的話，請務必分我一成。

美男蔓・實葛

在《後撰集》中的戀歌裡有三條右大臣詠的，非常膾炙人口的句子：

不負逢坂山名美男葛　名にしおはばあふ坂山のさねかづら
能否不為人知帶過來　人に知られで来るよしもがな

這座逢坂山在從前又寫成相坂或合坂，原是在山城和近江邊界的東海道路上，為有名的坂坡，也是古時關所（崗哨）的舊跡，現在則屬於近江。據說有位名為蟬丸的盲人在此處結草庵居住，並詠了這首知名的歌：

實葛：サネカズラ（sanekazura，平假名寫作さねかづら，即戀歌第一句中的吟詠對象），又稱南五味子，學名為 *Kadsura japonica* (L.) Dunal。

これやこの行くも帰るも別れては
知るも知らぬも逢坂の関

不論去回或分別
認不認識都在此關所相會

那麼，在這首歌中被吟詠的サネカズラ到底是什麼樣的植物呢？其實サネカズラ為「實蔓」之意，由於它的果實既醒目又美麗，於是有了這樣的名字。它們的果實形狀很像新鮮和菓子鹿子餅，其紅色的果實在秋天到冬天由長梗上從藤蔓垂下，點綴在葉間的景象非常的有情調。通常可以看到它們垂掛在山丘上的小灌叢等有落葉的雜木上。此外，它們也很常被種植在鄉村人家的植生籬笆上，讓長有常綠葉的藤蔓攀爬於其上，如果仔細觀察，經常能夠在綠葉之間看到紅色的果實。

實葛從前似乎被稱為サナカズラ。它的語源是「滑りカズラ」的意思，據說「サ」是發語，「ナ」是滑的意思，然後這個サナカズラ的發音再轉變成為サネカズラ。不過我不太能夠接受這種解釋。

從而サネカズラ有兩種語源，一種是源自於它的果實，另一種則是來

鹿子餅：是一種和菓子，以麻糬、求肥、羊羹這三種之中的一種為內餡，周圍用紅豆餡包住之後，再在外面黏滿一顆顆蜜漬紅豆。有時候會為了要有光澤而在最外面又再多一層寒天。

自發音的「滑」。在我看來，サネカズラ應該是古今相通的名字，在古時候之所以叫做サナカズラ，是由於「ナニヌネノ」(*naninuneno*)的五個字音在發音上相通且可以轉換，就讓サネカズラ的發音有了訛音，變成サナカズラ了。

サネカズラ也有著美男蔓之名。它之所以會有這樣的名字，是因為其藤蔓幼枝的內皮黏稠，將黏液泡水之後能用來梳理頭髮所致。

當然其實主要是女性會這樣做，被稱為美女蔓也不為過，但是卻沒有這樣的名字，只有另外被叫做美人草的植物而已。

在城裡的店鋪中有時候會把又稱為美男蔓的木材做成薄片販賣，那多半是中國產的楠（不是樟樹）才對。因為那種樹在日本並沒有分布。

實葛除了ビナンカズラ以外，還有ビンツケカズラ、トロロカズラ、フノリ、フノリカズラ、ビナンセキ、ビジンソウ等的稱呼。在江州則把這種果實的球稱為「猴板凳」或「胡孫眼」。雖然那可能是有猴子過來坐在懸空晃蕩的球上面的意思，不過這種相當滑稽的發想真的很有趣。

此外，日本學者在傳統上都是把サネカズラ的漢字寫為南五味子，其實那並不對。另外，古時候也稱之為五味子，那當然也是錯的。因為這裡的五味子是指「チョウセンゴミシ」這種植物。這種植物不只是生長在朝鮮而已，也自生於我們日本。例如在富士山北麓的山腳下等都看得到它們。玄及這個漢名是五味子的別名，把這個套在サネカズラ上也是錯的。換句話說，玄及就是五味子。

編註：「猴板凳」日文為「猿の腰掛け」，與「胡孫眼」皆為生於朽木之菌類俗稱。

チョウセンゴミシ：chousengomishi，對應到的植物就是中文裡的五味子，學名為 *Schisandra chinensis* (Turcz.) Baill.。

油橄欖

即使到了今日，在學生日常使用的英日辭典中，關於植物的譯名經常也都還是在以訛傳訛地使用從前被錯誤翻譯的字眼。這真的是非常遺憾的事情，因為學生會深深記住那個錯誤用法，而這也就是在學習上最大的不幸。

為了學術也為了日本的文化，我真心希望那些翻譯能夠盡快修改成為正確的用語。

辭典原本就是扮演著教導正確事物的角色的書籍，所以理所當然地書

油橄欖：學名為 *Olea europaea* L.。

中的翻譯用語就得徹頭徹尾正確無誤才行。再加上由於現在修訂這個問題的任務並不是極為困難，所以今後的辭典編撰者應該要在仔細思索考慮之後再提筆撰寫才對。

現在就讓我在這裡舉一個植物名稱被譯錯的明顯例子。

油橄欖雖然在字典上被寫成橄欖，但這是非常嚴重的錯誤。這個油橄欖絕對不是橄欖。而且在這兩者之間並沒有任何的關係。換句話說，油橄欖的樹絕對不是橄欖樹，油橄欖的枝條不是橄欖枝，油橄欖的油不是橄欖油，油橄欖色不是橄欖色，油橄欖狀不是橄欖狀。以上這些全都寫成オリーブ、オリーブ樹、オリーブ枝、オリーブ色就好。現在已經是把油橄欖的原文直接當成日文字寫成油橄欖也完全不感覺奇怪的時代了。

至於究竟為什麼會把油橄欖誤認為橄欖，是因為從前由中國翻譯的聖經《舊約全書》在同治二年出版時，中國的學者把在該書創世紀中的油橄欖翻譯成橄欖，而那個譯文隨著《舊約全書》傳到日本，讓日本在學者之間也有了把油橄欖稱為橄欖的習慣，於是錯誤的翻譯就以訛傳訛地

オリーブ： ori-bu，橄欖。

同治二年： 西元一八六三年。

流傳到今天，至今無法斬斷那個病根，實在是很糟糕。

這種油橄欖在從前的蘭學時代是稱為ホルトガル。在距今大約一百六十年左右的寬政十一年出版，大槻玄澤（磐水）所著的《蘭說辨惑》中也有附插圖，然後把這種油稱為「葡萄牙的油」。那是因為是由葡萄牙船帶過來的，所以也把那種樹直接稱為ホルトガル所致。

在日本德川時代的本草學者很輕率地將又名「葉細」的杜英錯認為油橄欖，直至今天也還繼續濫用，將這種樹稱為葡萄牙樹（ホルトノキ）。那是很大的錯誤。

竟然會將杜英和油橄欖弄錯，就可以看出當時的學者真是無比的疏忽怠慢，鑑定眼力很低落。杜英的葉片是互生、有鋸齒，背面為淺綠色；油橄欖的葉片則是對生，邊緣平滑、背面為白色，只要稍微比較一下不就馬上能夠判斷出它們之間的差異嗎？當然，油橄欖和杜英在分類上也是分屬不同科，油橄欖屬於異葉木犀科、杜英屬於杜英科。除此以外，油橄欖是原產於地中海小亞細亞地方，在東洋完全沒有分布。

蘭學時代：蘭學指的是日本江戶時代經荷蘭人傳入日本的學術、文化、技術的總稱，可引伸為西洋學術。

寬政十一年：西元一七九九年。

ホルトガル：horutogaru，為葡萄牙（Portugal）音譯。

杜英：又稱杜鶯及膽八樹。日文漢字為「葉細」，學名為*Elaeocarpus sylvestris* (Lour.) Poir.。

異葉木犀科：科名為*Oleaceae*。

方便的壯舉

有一種植物叫做「羅漢柏」，據說是帶著「對明天的期待」，想要在明天就能夠長成檜（ヒノキ，日本扁柏），但到最後還是沒有成功的一種常綠針葉樹。只要去相州的箱根山或是野州的日光山就很容易看到。

在這種羅漢柏的樹枝上，有一種引發羅漢柏天狗巢病的異樣的寄生菌附著其上生長著。雖然它的名字最後也有ヒジキ三個字，卻不像海藻的那種鹿尾菜（ヒジキ）一樣可以食用，單單只是由於外觀跟鹿尾菜很像而已。

羅漢柏：アスナロ（asunaro），アスナロ為「明天」、ナロウ（narou）為「成為」之意，故有對明天的期待之意。學名為 *Thujopsis dolabrata* (L.f.) Siebold & Zucc.，又稱「翌檜」。

ヒノキ：hinoki。

羅漢柏天狗巢病：アスナロウノヤドリキ（asunarounoyadoriki），學名為 *Caeoma deformans* (Berk. & Broome) Tubeuf。

ヒジキ：hijiki。「海藻的那種ヒジキ」意指鹿尾菜，又名羊棲菜，學名為 *Sargassum fusiforme*。

話說這種寄生菌首次被寫在書籍上，應該是在岩崎灌園所著的《本草圖譜》吧！因為在那本書的第九十卷上有出現羅漢柏天狗巢病和它的圖。不過卻沒有記載它的產地。但是我們可以想像那描繪的多半是產於野州日光山或是相州箱根山的樣本。

到了明治時代，東京大學理科大學植物學教室的大久保三郎在明治十八、十九年左右於相州箱根山採集，並發表在明治二十年三月發行的《植物學雜誌》第一卷第二號之中。然後在明治二十二年十白井光太郎博士也在這份雜誌的第三卷第二十九號中以圖說做了更詳細的考證與描述。

關於這個羅漢柏天狗巢病，我有個關於我的貢獻的有趣故事。

那就是在相州箱根採到這個羅漢柏天狗巢病的是我，而且比前述的大久保三郎還要早一步呢！

那是在明治十四年五月的事情。我在從東京返回故鄉的途中，途經這座箱根山。當時我是二十歲。

岩崎灌園：一七八六－一八四二，江戶時代後期本草學家，著有《本草圖譜》九十六卷。

明治十八年：西元一八八五年。

明治二十年：西元一八八七年。

明治二十二年：西元一八八九年。

明治十四年：西元一八八一年。

在經過那個關口的時候，我剛好有了便意，就到路旁的樹林中去方便，而且邊方便邊四下張望。然後，我發現在眼前的樹枝上長著某種異樣的東西。於是在我方便完之後就立刻折取那段樹枝，帶回土佐做成標本，並將它貼在和紙的台紙上面。後來，到了明治十七年再次前往東京的時候，又把它和其他植物標本一起帶過去。只是由於那是很久以前的事情了，現在那個標本已經不知去向，沒有在我的手邊，真的是非常遺憾。

從而，首次採集到這種羅漢柏天狗巢病的可是我呢！而且是在箱根。大久保是在我之後的四、五年，也就是明治十八、九年才在同一座山上採集到它。

明治十七年：西元一八八四年。

探討日本薯蕷

從很久以前，薯蕷這兩個字就被拿來用在日本薯蕷上，這是一個很大的錯誤。此外，拿山藥兩個字用在ヤマノイモ上也同樣是錯的。因為山藥其實就是薯蕷的別名。

那麼，這個薯蕷究竟是甚麼呢？其實那就是ナガイモ，而ヤマノイモ並沒有漢字。

種在農田中的ヤマノイモ，根有各種不同變異也有不同稱呼，例如キネイモ、イチョウイモ、テコイモ、ツクテイモ、トロイモ等都是。

然後這種ナガイモ雖然是產自中國，但是在日本也有分布，在日本往

ヤマノイモ： yamanoimo，即日本薯蕷，日文直譯為「山之芋」，學名為 *Dioscorea japonica* Thunb.。

ナガイモ： nagaimo，薯蕷、山藥，學名為 *Dioscorea polystachya* Turcz.。

往是野生在河畔等的地方。有趣的是，種植在田裡面的都是雌株，也不乏雄株。由此推斷，成為農作物的這種ナガイモ原本很可能是從中國移入它的雌株。但是日本野生的則既有雌株也有雄株。

假如要做成食用山藥泥的話，是以日本薯蕷較佳。薯蕷的黏度相對比較低、較差。而且只有這種可以這樣生吃它的根。雖然黑慈姑、荸薺也能夠生吃，但其實那是塊莖，並不是真的根。而番薯雖然是真的根，不過只有孩子偶爾會啃著玩，一般沒有誰會去吃生的。

說日本薯蕷會變成鰻魚當然是騙人的，但是由於鰻魚和日本薯蕷都是能夠增加精力、營養滿分的食物，所以很可能是由於這兩者均有這樣的滋養能力，才產生了這樣的描述。有些書籍上甚至繪聲繪影地說日本薯蕷的根會從山坡上露出來，當它泡到流水中之後就會立刻變成鰻魚呢！

日本薯蕷和薯蕷都會在藤蔓的葉腋上長出珠芽。他們就是被稱為零餘子的東西。現在只要採下來蒐集好，就能夠隨心所欲地培育新的幼苗。這種珠芽也能夠拿來食用。

黑慈姑：*Eleocharis kuroguwai* Ohwi。

荸薺：*Eleocharis dulcis* (Burm.f.) Trin. ex Hensch.。

番薯：又稱薩摩芋地瓜，學名為 *Ipomoea batatas* (L.) Lam.。

珠芽：ムカゴ(mukago)或ヌカゴ（nukago）。

日本薯蕷的直根很像長長的研磨棒那樣，直直深入地下，假如它會貫穿地獄的話，

從天花板突然伸出的野山藥
閻魔的地獄大為騷動
此在娑婆紅塵是名為野山藥的滋養物
聽到此話閻魔也微笑

浮萍與真菰

臉上承著輕輕吹拂的涼風，放眼過去仔細看池面的時候，首先進入眼簾的就是浮萍。那種身體小小的浮萍也是只要繁殖聚集，很快就會成群漂浮遮蔽整片水面。雖然它們有根，卻只是垂在水中而已，不會定著在泥中，所以浮萍的身體是自由在水面移動的。只要風吹過水面，它們就會被集中到那陣風吹拂的前方，不會定著。正如乙由歌詠的俳句，

浮萍今日開於彼岸　浮き草やけさはあちらの岸に咲く

浮萍：又稱作水萍，日文為「うきくさ」，學名為*Spirodela polyrhiza* (L.) Schleid.。

或是

身如浮萍無定處　　身を浮きくさの定めなき

這種浮萍通常有兩類，其中之一是水萍，另一種稱為青萍，不過有時候也把浮萍當成是這兩種的總稱。雖然現在用漢名標記的話是寫成水萍或是浮萍，不過要是像前面這樣分成兩種的時候，うきくさ是浮萍，あおうきくさ則是青萍。

浮萍在從前也稱為鏡草、無種或是無者草等而在和歌中被吟詠。小野小町的歌：

未種浮萍繁茂在水面一波波起伏　　かなくに何をたねとて浮き草の波のうねうねおひ茂るらむ

うきくさ：ukikusa，即浮萍。

あおうきくさ：aoukikuki。

就是在說明明就連種子都沒有播下，浮萍為什麼會很繁茂地占滿水面起波呢？雖然一般人應該都會跟小町有同感，不過植物學家不愧是有學過、有心得，在這種場合也不為所動。換句話說，假如要把其中的緣故作簡單說明的話，就會像下面這樣。

浮萍的圓形葉狀體其實不是葉片而是莖，也就是變得扁平的莖。假如是這樣的話，那葉片到哪裡去了？其實這種植物的葉子非常不發達，極不顯著到即使說它們沒有葉子也沒關係的程度。青萍整體都為綠色，浮萍（無者草）則是上面為綠色，往下伸進水中的部分為紫紅色。小町的和歌吟詠的是這一種，由於這一種在冬天並不會出現在水面，所以冬天的池面就像鏡子般什麼都沒有。但是到了春天時，那裡就突如其來的會有浮萍出現。進入夏天時，就繁殖得越來越多直到遮蔽水面，到了秋天也還是跟夏天一樣。接下來氣候逐漸變冷，到即將進入冬天時，它們就逐漸消失，隨著日子的流逝，水面再次變得空無一物，那些浮萍到底什麼時候到哪裡去了，真是令人不解。那又是基於什麼樣的理由呢？

前述的浮萍在春天時不論是否出現於水面，新的個體就會從母體分芽，開始以分離、分離再分離來增殖，這個過程從春天開始直至秋末冬初為止，連續幾個月從一變二、二變三、三變成十、十變成百再變成千，數目無限制地增加。它們的葉狀體總是每三、四片左右聚集再一起漂浮，在那下面每片又各垂著幾條根。於夏秋時節在其體側偶爾會長出極微小的花，從而雖然能夠形成細微的種子，卻由於過於小型導致一般人不會注意到它們的存在。它們的種子當然是能夠長出苗沒錯，不過它們的身體增殖主要是經由分裂繁殖而來。一進入冬天，氣候便會一日比一日寒冷，讓它們的生長變得困難。這時候它們才開始準備，要讓自己的生命能夠延續到隔年。換句話說，從它們漂浮著的身體最後分裂出來的莖的比重比水還要重。但是在和其母體相連的時候會一起浮在水面，一旦分離之後就會立刻沉到水底，橫躺到該處的泥上。要是在這個時候看看水底的話，就能夠看到它們以小小的棋狀散於水底，靜靜地睡著。它們沉底的期間是冬天，這個時期的水面很美麗，看不到浮萍。但是青萍卻很少會沉到水裡，有許多在冬天時依然浮在水面上，只是冬天比夏天少了許多而已。前述沉在水底冬眠的個體，到了過完年回春、水溫升高的時候就會一起甦醒，在前一年的舞臺，也就是水面上浮現，而且立刻再度開始繁殖，不停不停地增加分身，逐漸占領水面，一副那原本就是我家的樣子。而在水底的個體之所以會浮出水面的理由，是因為在水底的時候，隨著時間的經過會有氣體在體內產生，讓它們變輕所致。只要知道了這些事情，就能夠了解在冬天看不見浮萍的理由，也能夠解答小町的和歌，又學到關於浮萍的常識知識。

⁂

準備好這些知識再仔細眺望水面的浮萍時，就會發現即使是這種蕞爾小草，也能夠激發我無限的興致。這樣一來，當我對任何一種草木植物產生興趣時，我就可以說我在這個過程中都很開心，而且一輩子都可說是非常幸福。植物草木是可以隨時隨地，不受時間也不被地方所限制，隨時都能夠欣賞享受。以娛樂的對象來說，應該沒有比這個更好了吧，何況欣賞既不用花錢，又不會嫉妒俗惡醜怪，還能夠培養優雅高尚以及愛憐的心，還有助於健康，那個好處從一到十是數也數不盡，但是為什麼大家不能享受植物的好處呢？那主要是由於大多數的人都欠缺對植物的知識，也就無法感到興趣。因此我總是對世人大聲呼籲，要大家多少也要累積一點關於植物的知識，因為只要有點知識的話，就能夠產生興趣，而產生興趣又能夠提升知識，讓知識與興趣相輔相成，對任何植物都會覺得很有趣。只要一輩子都能夠對植物感到興趣，不論何時，心中都不會感到寂寞。總是高高興興悠遊自在地置身其中，對誰來說都是很幸福的吧。要是現在有人希望進入這種境地的話，首先有必要做的就是記得那種植物的名稱，也是對一種事物感到興趣的入門第一步。換句話說，光是知道那種植物的名字就已經有了一點興趣，其次只要知道了關於那種植物的種種事情，對它的興趣就會油然而生。現在，如果用人類來做比喻的話，我們對不知道名字的陌生人不會有任何感覺，但是假如我們知道他們的姓名，我們就會對他們做各種各樣的想像，並從中湧出對他們的興趣；對於植物也是同樣的道理。要是知道了行道樹的名字是懸鈴木或是美國鵝掌楸，也會產生一些興趣。

我們可以透過對植物的愛來培養出對於人類的愛，對此我毫不懷疑。假如我是像日蓮和尚一樣偉大的人，我相信我一定能夠成立一個以植物為神明的宗教。

我現在已經不再讓植物無謂地枯死（應該也包括製作標本），我也不再隨便殺死螻蟻昆蟲。至於我為什麼能夠養成這種慈悲的心腸，或是一種為對方著想的心情，我相信是從我喜歡的植物培養出來的，而且我也有自信能夠透過觀察草木的興盛榮衰來理解人生。如果植物草木對人類的心事如此有用的話，為什麼人們很少關心這種至寶呢？我把這個歸類於俗稱的「先入為主的偏見」，還沒試過就覺得某樣食物很難吃。所以我很想要對廣大的世人大聲喊叫，就算是被我騙好了，你們先聽我的話試試看。我絕對不是在說謊，總而言之就先嚐一口那個肉以後再下判斷。

懸鈴木屬：學名為 *Platanus*。

美國鵝掌楸：學名為 *Liriodendron tulipifera* L.。

日蓮：一二二二－一二八二，日本鎌倉時代的佛教僧侶，日蓮宗（法華宗）的宗祖。

假如每個人都有善解人意的心，這個世界將會多麼美好啊！既不會爭吵，國與國之間也不會發生戰爭。若是有這種體諒的心，講得深奧一點是博愛心、慈悲心、互愛的心，世界絕對會變得很靜謐，人們也必定會沉浸在無比的幸福之中。世界上的各種宗教以不同途徑向世人宣揚這一點，但我反而不以理論，而純粹訴諸於感情，請大家藉由植物來培養這種心情，這就是我的宗教精神，也是我的理想。每次我有機會到各處去演講時，都會秉持著這個原則對學生等訓話。

此外，人們必須對植物抱持關心的理由，在於這也和富國產業息息相關。日本這個國家必須要變得富裕才行，綜觀今日的世界情勢，我深深體會到讓日本變得富強是當務之急。日本今後會需要非常多的錢。國民要下決心讓這個帝國變得更加富裕。金錢是增強國力的重要方式，單靠人類的勇氣無法產生國家，也沒辦法獨立。一方面是燃燒自己的愛國心與勇氣，另一方面則要有堆積如山的金錢。這兩者只要缺少其中之一，就會遭遇亡國的命運。所以必須要用這些錢來讓工業隆盛，而那些原物料則由日本人之手來製作成商品提供世界所需，一方面可以改善我們的生活，另一方面則能夠提供給世界各地的人們，並且賺到錢。

這些工業的重要原料之一是植物，這是有識者都已經知道的。為了要能夠利用這些天然植物，有越多人關心植物、對植物的知識知道得越多就越有效果，越能夠獲得良好的結果。在世界上有許多未知的原料，有植物知識的人更容易找出它並發現新的原料。如果一般民眾對植物多少有一絲絲知識的話，新原料被發現的種類與腳步也應該會變得很快才對。從這個角度來看，為了國家的將來，也應該有必要對公眾普及植物的知識。我想要從讓世人感到興趣開始著手，其次再讓他們獲得知識，接下來再激勵他們，讓國民為了想要發現有用的原料而拼命。為了國家與民族，我衷心希望老師在學校教授植物學的時候，也能夠把這個道理融入其中，這樣一來，一定能夠把今天的孩子教育成明日的日本帝國中堅。

今天的孩子：原文為「今日の寧馨児」，「寧馨兒」（ねいけいじ）為中國六朝俗語，意為「這樣的孩子」，後轉以「寧馨」為美好義，用以稱讚他人孩子俊秀美好。（可見《重編國語辭典修訂本》網路版釋義）

⁂

前面是一開話匣子就停不下來的大和魂精神，也因此就讓我忘記講植物本身這個最重要的議題。現在就言歸正傳，讓我回頭說說涼爽的水草故事。

萬千蔚藍的湖泊、近海的緩流河川、在田間穿梭的溝渠，到處都長滿了茭白筍，也就是「菰」。初夏菰的葉子還是新綠的時候會繁茂生長，彼此緊貼聳立在水面上，放眼望去全都是它們的群落。只要涼風吹來，葉片彼此摩擦的聲音就會傳入耳中，它們是水鄉必然會有的禾本科植物。

那種可愛的溪蓀開在這些菰之中的有名潮來節民謠「在潮來出島的茭白筍中，開花的菖蒲很討人喜歡」真的是很優美的曲調，但是實際上觀察之後，就會發現這首歌的內容與事實有出入。那是由於今天我們所說的溪蓀，也就是會開紫色花的那種鳶尾屬的鳶尾花，絕對不會生長在水中的，所以當然也就不會生長在是水草的菰之中。要是這樣的話，那

編註：請參考〈俚謠的謊言〉一節。

當成從前的あやめ（今日的水菖蒲）來看的時候又是如何呢？這樣一來，不論是あやめ的名字或是生長在水中的這點也都沒錯，可惜的就是這種植物並不會開出惹人憐愛的花。真是的！有著惹人憐愛的花的溪蓀不會生長在菰之間，而真的會在菰之間生長的水菖蒲開的花卻又不會惹人憐愛，從實際層面來看的話，真的是很讓人傷腦筋的民謠吧。

まこも（真菰）在過去只有被簡單的稱作こも（菰），而由於那是真的稱它為「真菰」（まこも）。另外又因為會拿它們的葉子來包粽子，所以又有個粽草的名字。從前還會稱它們為かつみ，至今仍有些地方如此稱呼這種植物。所謂「花がつみ」是指會開花的がつみ，也就是菰的意思，但要是因此就把它們當成是花菖蒲的原種的話就是個錯誤。

菰在春天時會從在水底的泥中延伸的地下莖發芽，它們的嫩芽可以供作食用，這稱為「菰筍」（茭白筍）。其葉子中的新莖在受到名為菰黑粉菌的真菌感染之後，在秋天時會長成長達七、八寸的白色粗棒狀，這在中國和臺灣附近被拿來蔬菜烹煮食用，在蔬果店販賣的時候名稱則為茭

まこも：makomo。

こも：komo。

かつみ：katsumi。

菰黑粉菌：又稱茭白黑粉菌，學名為*Ustilago esculenta* Henning。

白，這在我國則稱為こもづの（菰角的意思）。不過在我國內地卻很難看到這種植物生長。這種植物內部的孢子會隨著時間的流逝，在成熟時變成黑色的粉末狀。這稱為「真菰墨」，這種粉會被混合在油或是蠟之中，再用來抹到女性頭頸部的光禿部分。

到了夏秋時節，從葉間會抽出高高的梗、結大型花穗並有許多分枝，開出許多花。下方開雄花、上方開雌花，雌花在花謝後早早就結實，但是下面的雄花還在開著的時候，枝梢上的果實卻已經成熟掉落。這種可以供作食用的穀粒稱為菰米，據說在從前會拿給生病的人吃。雖然自古以來就有人說菰分成會結實和不會結實的，但那其實是認識不足的關係，因為不論是哪種都既會開花也會結實。這是從前岩代的安積沼的名產，並且被吟詠過：

雖非陸奥安積沼澤的花がつみ，只看到一下的人影你今後也會繼續愛戀嗎？

こもづの：komodzuno。

雖然關於水鄉的水草還有許多，不過我還是在此擱筆吧。

朝夕以草木為吾友　朝夕に草木を吾の友とせば

心既不寂寞也無悲傷　淋しき折ふしもなし

日本的蝦脊蘭

日本地處溫帶，植物資源極為豐富。儘管蘭科植物不能算少，但與熱帶產的各種蘭花相比，可供觀賞的則絕對說不上多。但若是出於自己的愛好而採集來當成園藝植物的話，自己的價值觀就跟別人沒有關係。蕙蘭屬、名護蘭、萼脊蘭、風蘭、白芨、黃鶴頂蘭、蝦脊蘭等都已經成為一般人會栽種的園藝植物。當人們認識到蘭科植物的花與昆蟲之間的關係，以及因此產生的奇特花形等事實時，就會知道日本產的蘭花類別並沒有什麼奇珍異種，但卻會比現在更喜愛它們。由於學問的進度至今還很淺薄，養蘭的人也未必知曉其中的道理，因此愛它們的心情自然地

蕙蘭屬：*Cymbidium*。

名護蘭、萼脊蘭：*Phalaenopsis japonica* (Rchb.f.) Kocyan & Schuit.。

風蘭：*Vanda falcata* (Thunb.) Beer。

白芨、紫蘭：*Bletilla striata* (Thunb.) Rchb.f.。

黃鶴頂蘭：*Phaius flavus* (Blume) Lindl.。

就比較淡薄。除了寒蘭、風蘭以外，他們只是聽說或是看到洋人喜愛蘭花的狀況，再加油添醋地鼓吹愛蘭（愛爾蘭，玩雙關而已）說而已。如果世人了解前述那樣的蘭花類與昆蟲之間的關係，在看到蘭花的各種特殊形狀時，喜愛蘭花的熱情一定會被更激發起來才對。或是應該說到了那個時候，即使日本的蘭花沒有奇花異草，也會首次受到大眾的喜愛與注目。根節蘭屬（*Calanthe*）主要產於亞洲的熱帶地區，種數超過四十種，其中也有好幾種分布於日本。它們的培育應該都不困難才對，不過我不得不說它們的花比日本產的其他蘭花都要漂亮。特別是像根節蘭屬或是黃根節蘭，又更優於日本根節蘭屬類中的其他物種。現在我就將它們略述於下。

(1) 日本根節蘭

又名くわらん，產於溫暖地區。九州應該有分布。花色有紅色、白色、紫色的三種。在北方栽種的話，冬天時應該要把它們移到溫室之中。

寒蘭：*Cymbidium kanran* Makino。

根節蘭屬：原書以「えびね」(ebine)表示，經審定後改為「カンラン属」，即*Calanthe*。

日本根節蘭：りゅうきゅうえびね（ryuukyuuebine），學名為*Calanthe japonica* Blume ex Miq.。

くわらん：kuwaran。

(2) 蝦脊蘭

這是最常見的物種，在各處都有分布。東京近郊也看得到野生的這種蘭花。花色多樣，其中最常見的是花瓣顏色為混濁的紫色及唇瓣的顏色為淺紫紅色的物種。它們有種變種為金星蘭，花色為黃綠色。

(3) 黃根節蘭

花色為純黃色，極為美麗。雖然和尋常的根節蘭的差異非常小，不過花卻又多又大，可說是在養蘭花時最有價值的物種。此外，也有雖是同種的黃花，但是花瓣的外面是帶茶褐色的物種。它們在西南地方很常見，曾稱為 *Calanthe striata* var. *bicolor*。

(4) 長距根節蘭

花是白色，略帶淡紫色。在西南部的溫暖地區可以看到。

蝦脊蘭：*Calanthe discolor* Lindl.。
金星蘭：*Calanthe discolor* Lindl. var. *viridialba* Maxim.。

黃根節蘭：日文漢字為黃海老根，學名為 *Calanthe striata* R.Br. var. *sieboldii* (Decne. ex Regel) Maxim.。

長距根節蘭：*Calanthe textori* Miq.。

(5) 繡邊根節蘭

花的形狀異常出眾。這是因為它們的唇瓣既大又下垂，紫褐色而且有皺褶。花瓣的顏色為黃綠色。這個物種分布於全日本。北海道的沒有大的唇瓣。

(6) 反捲根節蘭

六月左右開花。花為紫色及淺白色。由於花瓣往後反卷，所以就讓花形因此而顯得奇特。葉子比其他物種的皺褶要多，綠色中帶點白色。這個物種比其他各種稍微難栽植。

以上這些是產於日本的根節蘭屬植物，不過假如在西南方或是琉球找的話，應該也可能發現其他物種。假如你是園藝愛好者，想要採集新的園藝植物的話，何不到那些地方去看看呢?

大多數植物在野生狀態時，花都很少是既大又美的。在人工栽植時才

繡邊根節蘭：又稱三板根節蘭，學名為 *Calanthe tricarinata* Lindl.。

反捲根節蘭：*Calanthe reflexa* Maxim.。

會培育出又大又美麗的花。若是現在好好培育這些根節蘭屬植物的花，一定能夠配出比現在更有價值的花。若是對一朵野花只看一眼就立刻判斷那種花的價值而離開，捨棄那些只要加以培育就能夠成為美花的花草樹木，就不能稱為是真的園藝愛好者。日本的植物資源豐富。如果有學識的園藝家在各地尋找植物加以培養，並創造出新的園藝植物的話，利潤應該不小才對。

大根一家言

我從來不認為我們的「大根」是 *Raphanus sativus* L. 以外的另一個物種，也不這樣相信。總之大根是在久遠之前從其源頭的 Radish，也就是蘿蔔抵達中國之後逐漸發達，那些在進入日本之後有了遠超過中國的發展，終於讓我們日本贏得了世界第一的大根國的美譽。然後以那個發達後的大根和其原生種的 *Raphanus sativus* L.，也就是俗稱西洋蘿蔔做比較時，會發現雖然在形狀上有大小長短，在質地上有軟硬的不同，但是最終還是無法發現能夠分別「種」的差異。換句話說，它的莖葉狀態、花和果實的構造以及形質等，都沒有表現出能夠讓它成為不同物種的植物學特徵，縱然它的根在兩者之間有著大小長短的差異，但是二者基部的莖（也就是發芽時的下胚軸）在朝向末端的部分才是真的根，這一點完全相同，根本沒有差異。也因此，認為今日中國以及日本的大根是在蘿蔔以外的獨立物種的話，是個極為不正確的看法。也就是說，只要好好思考的話，就會知道那個 Radish 和大根是完全同一個物種。不過大根由於在悠久的歲月中於環境相異的東洋異域被栽培之後，自然而然地導致其形態性狀上有了變化，至少現在得要承認它已經成為 *Radish* 原種的一個變種才行。根據這點來看的話，盲從於把大根視為日本的獨立物種而把它的學名命為 *Raphanus macropodus* Rev. 或是 *R. acanthiformis* M. Morel. 的學者並輕率地就這樣接受，不修正學名而直接使用是很大的疏漏以及愚蠢。不帶成見以公平角度正視並且仔細觀察大根的人，是不會如此輕舉妄動的。廣義地來思考大根的學名時。雖然 *Raphanus sativus* L. 是可以接受的，但是基於狹義的定義，那其實應該就是 *R sativus* L. *var.*

acanthiformis (M. Morel.) Makino (=*Raphanus acanthiformis* M. Morel = *R. macropodus* Rev. = *R. sativus* L. var. *macropodus* Makino) 才對。而這其中包含了許多物種，它們的學名雖然於昭和三年公開發表，不過後來又在昭和十四年十二月發行的《實際園藝》第二十五卷十二月號的雜誌上再次發表了修訂後的名稱。

那麼，雖然有些學者認為 *Raphanus sativus* L. 是以中國為原產地，但是我保證那絕對是錯的。然後大根不是中國原產的事實，光是用它在中國的名稱就足以證明。在很久很久以前，中國根本就沒有蘿蔔。不過它可能是在上古時便進入中國，大概是從歐洲的東南部或是亞洲西部，經過亞洲中部，然後從所謂的中國西域逐漸由東進的人帶過來的。

蘿蔔在中國最初的名字為蘆葩，之後那個字面從蘆菔變成萊菔，最後終於成為蘿蔔，但是這些都只是字面上的改變而已，是音譯字的這件事本身仍舊沒變。因此不論是蘆葩、蘆菔、萊菔或是蘿蔔，它們在字面上完全沒有任何的意義。

昭和三年：西元一九二八年。

昭和十四年：西元一九三九年。

蘆葩：作者原文為「芦葩」。

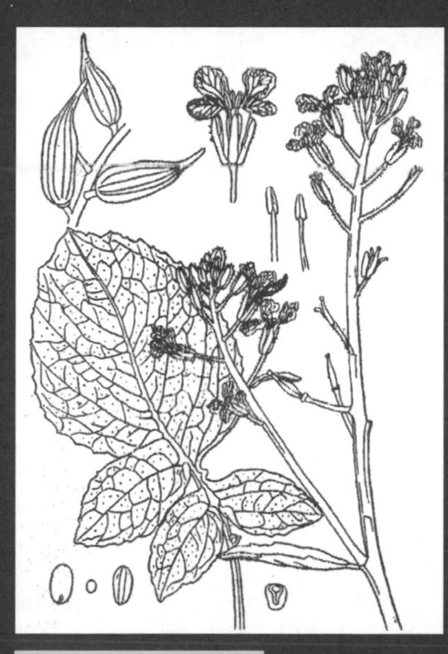

西洋蘿蔔；大根。

蘆葩在漢音、吳音的發音都是ロヒ，從前中國有位學者曾經寫道，在這種情況下，應該要念成ラホク才對。同樣的，蘆菔是ロフク、萊菔是ライフク、蘿蔔是ラフク，不管是蘆菔、萊菔或蘿蔔，發音都跟把蘆葩讀成ラホク很像。但是假如用近代的中文來讀的話，蘆葩是ルヒ、蘆菔是ルフー、萊菔是ライフー、蘿蔔是ロペー。在貞享元年刊行，向井元升的《庖廚備用倭名本草》這本書中，把蘿蔔的發音標註為ラフ這件事很有趣。中文的發音不論是在古代或是現代、南方和北方都有相當大的差異。縱然如此，不論是蘆菔或萊菔或蘿蔔，發音都同樣是最初的蘆葩的訛音。李時珍也在《本草綱目》的蘆菔的「釋名」中敘述：「萊菔乃根名，上古謂之蘆葩，中古轉為萊菔，後世訛為蘿蔔」。另外又有紫花菘、溫菘、土酥等的稱呼，當然都是後人取的名稱，這些很有可能只是基於其形態性狀而來的名字，跟上面列出來，自古以來的名稱沒有半點關係。

在中國種植的蘿蔔也就是萊菔，栽培的結果也就產生出大小軟硬有別的根，是很理所當然的。關於這個，古時的中國學者寫道：

貞享元年：西元一六八四年。

譯註：一個日文漢字通常會有許多種不同的發音如漢音、吳音、蘇音等等。因為日本在不同時代會派遣唐使到中國學習，把當時的讀法記下並帶回日本而流傳至今。

本頁幾個日語發音如下，依作者所說將從前的發音標示在前，近代中文發音標示在後：

蘆葩的漢音、吳音：ロヒ（rohi）；

蘆葩（ラホク／ルヒ）：rahoku／ruhi；

蘆菔（ロフク／ルフー）：rofuku／rufu；

萊菔（ライフク／ライフー）：raifuku／raifu；

「萊菔，南北通有，北土尤多。有大小二種：大者肉堅，宜蒸食；小者白而脆，宜生啖。河朔有極大者，而江南安州洪州信陽者甚大，重至五六斤，或近一秤，亦一時種蒔之力也。」

從那時起，隨著世界的進步，不難想像一定產生了更多的品種。因此今後也一定會出現更多和近代不同的相異品種才對。

日本在上古將它稱為オオネ，這是大根之意，意指它們的根很大。後來把這個オオネ的漢字寫成大根，不久之後人們就以音讀將大根讀成ダイコン，最後就成為今日的日常通稱名了。所以這個大根絕對不是漢名也不是中國名。有些地方也把大根稱為ダイコ、デーコ或是デーコン。

歐洲在過去將蕪菁（カブ）稱為 Rapa、Rhapus 或是 Rhaphus，今天在英文中所稱的 rapa 在後來才要出現。此外稱為 Rhaphanis 或是 Rhaphane，不論カブ或是ダイコン好像都是出自同一個語系，不過這種語言中的蘿蔔正如我在前面所述的，是由從歐洲往東遷移的人帶到亞洲中部，然後傳到中國，中國人把它們稱呼這種植物的發音聽成ラフス或

蘿蔔（ラフク／ロペー）：rafuku／rope。

編註：出自《本草綱目》，李時珍引用蘇頌之言。

オオネ：oone。

ダイコ：daiko。

デーコ：de-ko。

デーコン：de-kon。

カブ：kabu。

蕪菁：*Brassica rapa* L.。

ラフェ，然後再用中文字寫成蘆葩。雖然這是我的想像，卻也是我從以前就一直持有、主張、提倡的新理論。我不知道這個理論是否真的正確，但是總而言之，我是如此相信，否則無法解決音譯字「蘆葩」的問題。但是蘆葩這兩個字的存在，也是決定在中國是否有蘿蔔的關鍵，這實在是件很有趣的事情呢！

現在這個物種已經深深進入了中國這個新天地，成為對人類來說是供給重要食物的資源，中國人很樂於栽培它。隨著歲月的閱歷（筆者言：這裡的意思主要是指「經過、流逝」，所以閱不可以讀成ケミス，得著重在「歷」），這種植物逐漸在中國各地廣泛擴展，而後適應了其氣候風土，進而影響了其形狀大小等性質，再漸漸成為比原本更優良的產品，最終在中國的萊菔就比蘆葩更為發達。因此我可以斷言把萊菔也就是蘿蔔視為中國固有的蔬菜太輕率，完全是錯誤的。而且我可以毫不猶豫地公開表示，既然為其起源地母株植物的是蘿蔔，今日東方的大根實際上是幾經變遷之後的它的子孫，至少已經成為像是它的變種。也因此

譯註：牧野指歲月的閱歷是著重在歷史感而非「閱讀、理解」感，所以不應該讀作日文「閲する」（ケミする，kemisuru），而是「歷る」（ふる，furu）。

萊菔（中國產，《植物名實圖考》）

把東方的大根視為獨立物種，學名寫成 *Raphanus macropodus* Rev. 或是 *R. adiantiformis* M. Morel 都是不足採信的。

今天在歐洲應該要有，但是反而找不到的是野生種，也就是野蘿蔔，只能看到在田裡的栽培作物而已。在我看來，它的野生原種可能早就滅絕了。曾經有種說法認為在歐洲的農地等野生的一年生草本野蘿蔔通常開黃花，很可能是其原生種，但是後來知道並非如此，所以野蘿蔔的發祥地仍然尚未解明。

根據我想出來的新理論，我從以前就確信大根最初一定是生長於海邊的沙地。從而就算說大根是海濱植物之一也絕不會是無稽之談。這從日本國內各州的海邊有許多的濱萊菔，便能夠清楚的證明這一點。

原本栽培大根的種子散逸到海邊後，在那邊自生成濱萊菔。雖說大根的種子即使散落在野外或是山裡，也應該絕對不會就地成為野生種，但是只要一旦到了海邊，卻很容易立刻成為野生狀態，從自己的種子發芽、自行生長、開花、結果，再自己播種，不借助於人類之手，歲歲年

野蘿蔔：セイヨウノダイコン（seiyounodaikon），學名為 *Raphanus raphanistrum* L.。

濱萊菔：ハマダイコン（hamadaikon），學名為 *Raphanus sativus* L. f. *raphanistroides* Makino。

濱萊菔

年、周而復始地過著強而有力的生命。當我們細心觀察某種很容易在海邊生長的植物，你一定能夠毫無疑問地確認它是一種海濱植物吧！此外，在檢視其長角的果實時，就更能確定那是海濱植物的事實證據。也就是說，它的果實在節上往內凹而成念珠狀，這個果實在成熟後留在沙地上受到風吹日曬，最後導致各個節分散，每一個節都各含有一個被又厚又輕的外果皮包著的種子。由於果皮的質地很輕，當海浪打上岸的時候，它就會像是浮標般在海面上漂浮，然後被波浪捲走、帶到更遠的地方。在有風吹過時也很容易被吹動，在砂場上從一處移動到另一處沙坑，以結果來說，就是把種子散播到遠近四方，在那裡萌芽、創造繁殖基礎。如前述所說的，由於種子被質地輕的厚果皮給包覆著，所以能夠暫時抵抗海水的滲透，保護種子不受海水侵襲。等到不久之後，被放置到沙地等適當場所，立刻就能夠從種子裡面長出葉子。這種濱萊菔的果實並不像蕪菁或油菜等的果皮是打開的，而是每一節都包藏著一個種子且不會打開的這點，有其特殊意義。然後在長久的歲月之間，櫛風沐雨

油菜：*Brassica rapa L.* subsp. *oleifera* (DC.) Metzg.。

遭受寒暑旱霖的鞭撻，那種植物的形體會自然地變化為適合野外環境，在莖葉上增加了粗毛，花色也變深成為鮮豔的紫色（有時候會混有普通種的白花型或是紫花型），果實變瘦，成為很顯著的念珠形。如果你試著採集它，將它移植到田裡或是在農地裡播種栽植的話，我保證它一定馬上就會長成原本大根的形狀，而且根也隨之變大。綜合以上所述，大根原本就是一種海濱植物的這件事，應該沒有人有別種意見吧，不過至今都不曾有人這樣說過。假如大根有靈魂的話，當它長在海濱時，一定會覺得很懷念，並且因為返回故鄉而雀躍起舞才對，呵呵。

前一頁濱萊菔圖的根通常有強烈的辛辣味，在吃蕎麥麵的時候拿它當調味料的話應該非常適合，可以好好地加以利用，不過很可能還沒有任何人實際嘗試過。它應該可以成為辛味大根的代用品。另外，如果你把它種在農地裡的話，也可以種出同樣的辛味大根。我認為有些地方種植的辛味大根可能就是這樣來的。雖然它們原本的出處是哪裡至今仍然不清楚，不過在江州伊吹山下有種植一種又名伊吹大根的鼠大根（日本的

白花型：forma *albiflorus* Makino。

紫花型：forma *purpurascens* Makino。

本草家一直都把它們當成沙蘿蔔，但那是錯的，因為沙蘿蔔就是野生的紅蘿蔔，也就是胡蘿蔔！），味道很辣，也許真的能夠搭配蕎麥麵食用。據說從前也被送往京都。此外，松岡玄達在《食療正要》，把前述的鼠大根描述為「今山城鷹峰大龜谷多種之」（現在於山城鷹峰大龜谷種了許多）。但是現在又是如何呢？

有一種被稱為黑蘿蔔的進口物種，它的根皮是黑色的，我年輕的時候在家鄉種過一次。這是蘿蔔的一個變種——伊吹大根，在日本很罕見。

松岡玄達：一六六八－一七四六，日本本草學家、儒學家，小野蘭山為其門下弟子。

黑蘿蔔：*Raphanus sativus* L.var. *niger* (Mill.) J.Kern.。

伊吹大根：學名為 Raphanus sativus L.。

稀有蘭科植物——
小杜鵑蘭

由於我還沒有得到過這種蘭花的實體，對於其花的細節完全不了解，所以不要說種名了，就連其屬名也不清楚。

聽說這是產於伊豆七島之一的八丈島，不過其他的島也不一定沒有分布。我認為它可能是常綠的蘭花。下方呈球狀有球狀莖，為綠色。其球狀莖的上端有一片葉子及一片褐色的葉鞘。這個葉鞘是膜質的，比葉柄稍長。葉片為長橢圓形，前端尖銳，下方狹窄，有短的葉柄。葉脈縱向延伸，因此葉面有皺褶。葉片為綠色，有許多的淺綠色斑點，也就是星斑。葉片的長度約為一寸五分多。

小杜鵑蘭：ヒメトケンラン（himetokenran），*Tainia laxiflora* Makino，又稱長葉杜鵑蘭。原文作「ヒメトケラン」，可能為作者誤植。

小杜鵑蘭

花莖也就是所謂的葶，從球狀莖的下方長出、直立，高度達一寸五分左右。略帶紫紅色，有三片膜質的葉鞘稀疏附著。

花在四月左右開花，通常會開兩朵，長度為四、五分。花向側開，下方有花苞。花苞前端尖銳，長度比子房短。

花被呈紫紅色，通常半開而不全開，狹長、末端尖。唇瓣幾乎和花被同長，呈黃色，邊緣有皺紋。子房比花被短而呈棍棒狀、紫紅色。

請看花的放大圖。這是關根雲停的重繪畫，原畫是彩色的。

日本的櫻與西洋的櫻

在英文中有著「cherry」這個字，由於在日本從以前就將它譯成「櫻」，於是普通的一般人就認為日本的櫻也是cherry。但是所謂cherry雖然是歸於櫻屬，和日本的櫻卻是全然不同的物種，在學術上的名稱是以歐洲酸櫻桃為其本家。

有種普通人將之稱為櫻桃，食用其果實的植物——在山形、秋田等生產許多，季節一到就會在市面上出現——那個果實既可以從「歐洲酸櫻桃」獲得，也可以從「歐洲甜櫻桃」這種櫻取得。在日本市場上主要

歐洲酸櫻桃：スミミザクラ（sumimizakura），學名為*Prunus cerasus* L.。

歐洲甜櫻桃：セイヨウミザクラ（seiyoumizakura），學名為*Prunus avium* (L.) L.。

編註：作者意指日本普遍將「桜んぼう」讀成「桜挑」（オウトウ，outou）。

可以看到的是歐洲甜櫻桃。在日本不只是民眾，就連園藝界人士也將在市場上看得到的「櫻花」稱為櫻桃，但那是錯的。櫻桃絕對不是來自西洋的植物，而是原產地為中國的植物。它不會長成大樹，而是從基部長出樹枝的灌木式喬木，在早春葉子發出之前就會開花。花是櫻色，外觀也相當美麗，但是卻還是比不上日本的櫻。在花謝之後長出葉子、結紅色的果實。它的果實和西洋的 cherry 很相似。也因此就導致西洋的 cherry 和中國的櫻桃被混為一談。要是用日語加以區分的話，把中國的稱為中國櫻桃、西洋的稱為洋種櫻桃或歐洲甜櫻桃應該比較適當。在西洋是不會賞洋種櫻桃或歐洲甜櫻桃等的花。因為花是白色的，不夠看。他們專為摘取果實而栽培這些樹。雖然和日本的櫻是同屬的植物，但卻是完全不同物種。在日本到處都有櫻，那全都是為了要欣賞花用的，絕對不是為了要拿來吃。它們的果實小、甜中帶苦，小孩會拿來玩玩，但沒有作為水果的價值。也因此把日本的櫻稱為チェリー是不正確的。西洋的園藝家等把日本的櫻稱為 Flowering Cherry（會開花的櫻）以做區別。日本的

中國櫻桃：シナノミザクラ（shinanomizakura），學名為 *Pterocarya rhoifolia* Siebold & Zucc.。

櫻是以日本為原產國，其他國家沒有。有些樹種雖然在中國多少也有，但櫻花主要還是來自日本。在櫻之中又是以山櫻為主，自古以來就被讚為花中之花，突然開花並且立刻散落。就是這種華麗及散落時的灑脫，讓山櫻被比喻為武士精神。在仔細調查過這種山櫻之後，發現日本北部的跟日本中部以西的不一樣。中部以西的是真正的山櫻，北部的也就是從東北到庫頁島為止的雖然也是山櫻，卻是稱為大山櫻的不同種類。此外在中國附近的是毛山櫻，這在朝鮮附近也有。由於花梗上有毛而得其名。其他還有彼岸櫻、枝垂櫻、峰櫻、深山櫻、豆櫻、寒櫻、緋寒櫻及染井吉野等許多的種類。它們全都是同屬，但是不同種，所以不可以混淆。此外，八重櫻等有一百、二百種以上，但這些都是以山櫻、大山櫻、毛山櫻等為原種再加以配種培育出來的結果，假如保持野生狀態的話，不會有這麼多的變化。

彼岸櫻——雖然只要講到彼岸櫻，世人都會以為全都是同一種，但是關東和關西的其實不一樣。關東的是像東京上野公園裡那樣的大樹，

大山櫻：學名為*Prunus sargentii* Rehder。

彼岸櫻：學名為*Prunus × subhirtella* Miq.。

由於很早開花，所以稱為彼岸櫻。信州的神代櫻、盛岡的石割櫻等都是和東京的彼岸櫻同樣的植物。但是它們並不是真正的彼岸櫻。為了要把它們跟真正的彼岸櫻加以區分，就將它們稱為江戶彼岸或是東彼岸。真正的彼岸櫻的樹小，不會長成大樹。但仍舊很早開花。花既華麗又常美麗，在關西有很多。

枝垂櫻——這是江戶彼岸櫻的變種，因枝條下垂而得名。又名絲櫻。

在伊豆的大島上，有一種叫做大島櫻的櫻花樹。由於樹木長得很強壯，所以在大島上長期以來一直為了獲得柴薪而栽植這種樹。如果你造訪大島的話，現在也仍然能夠看到一棵很大的櫻花樹。光是看它就能夠知道這種櫻樹是從很久以前就生長在這座島上。這也是山櫻的變種。

市面上有一種止咳藥名叫「ブロチン」(BROTIN)，是由櫻樹的皮製成的。由於櫻樹的皮含有止咳的成分，所以只要拿櫻樹的樹皮煎成藥喝下去，就能夠產生止咳的作用。

茄子的冗花

父母的意見和茄子的花　親の意見と茄子の花は
千中無一為浪費　千に一つの無駄がない

有這樣的歌謠。

茄子真的沒有無謂花，也就是沒有冗花嗎？

瓜有無謂花（雄花）是眾所周知的事實，也是無庸置疑的。茄子也有這樣的花，只是一般人不會注意到。小心翼翼的成為學者之後，就會知道茄子確實有著無謂的花。平時務農種植茄子的農夫好像很早以前就知道這一點，但也還是有許多人並不知道。那麼，那些無謂花究竟是什麼樣的花，又是怎麼形成的呢？這只要在茄子田中看上一眼就能立刻看得出來。因為它的花是從莖上一朵一朵地長出來，那些全都是會結實的花。但是如果它形成短穗，開著二、三朵或是四、五朵花的話，其中就會只有一朵花是會結實的花，其他都是不會結果的無謂花。它們的形狀比較小，但是即使無謂花也有雌蕊，只不過它們只是長在那裡，卻沒有半點用處，也因此那個花就算有開花，也是在不久之後就會整朵花連著花梗花軸一起掉下來，只剩下一朵基部的實花（為兩性花）開得很茂盛。在長得很好的茄子植株上頻頻有這樣的花生長絕對不是罕見的現象，因為這就是茄子的性質，而且茄子的花序是總狀花序。不論任何人，只要實際上到農地裡去看看就能夠馬上找到它們，而且立刻看懂這個狀況。雖然有人說，無謂花的花柱絕對不會長得比雄蕊高，但不一定全是如此。那只是不會長到上面來而已，有許多長得比雄蕊低，但是還有不少的花蘗會長得比它們上面。這是我實際上檢查過，因此毫不猶豫就能斷言。

於是我想要吟詠兩句

誰說茄子沒有無謂花　茄子にむだ花ないとは誰が
吟唱才是無謂歌　謡いそめたか無駄な歌

此外，現在這個世界正在進步，現代的孩子也相當聰明，不會對守舊老爹的錯誤意見照章全收，還經常瞧不起自己的父母。所以別說千中無一，就連十中也會一個無謂的意見。於是

父母的意見與茄子的花　親の意見となすびの花は
十中有一是浪費　十に一つの無駄もある

這樣吟詠的話，在今天應該會無異議地被接受，但實際上即使是在今日的社會情況下，要是在年輕人的面前輕率地說出這種話，應該就會

被一本正經的人罵說你是導致社會秩序紊亂的大白癡，看到這種白癡父母，還會很想一腳踢下去呢！

水仙一席話

水仙，是一種人人都喜歡的花。當樹葉散落秋也深，一般的菊花也逐漸凋零進入尾聲，到了寒菊開花的時節，水仙的花才剛開始要綻放。

反而可說是在花變得極少的時節這種花才會盛開，那潔白的顏色、怡人的香氣、超凡脫俗的姿態，那些全都是無人不愛的資質，實在令人愉悅。世界上的水仙種類大約在三十種左右，其中雖然有很華麗的，但我認為在那些物種之中，以日本的水仙最佳。那種無害的純潔姿態遠勝於同屬的其他物種，不論從哪個角度來看，都是最合乎日本人喜好的。

水仙在鄰近的中國也有分布，不，應該說它可能是起源於中國吧！

水仙：學名為*Narcissus tazetta* L. subsp. *chinensis* (M.Roem.) Masam. & Yanagih.。

日本現在是在房州、相州、紀州、肥前等地都有水仙自生的區域，但是那些只有限定生長於某些地區，一般認為它們可能是在很久以前就已經從中國傳來日本，再於不知道什麼時候從園中散逸到外面，最後呈現出現在的自然樣貌。

水仙原本喜歡生長在離海近的地方，只要看看它們繁茂生長的地方，就會知道它們不是山草，而是以海濱為樂土的植物。

水仙這個名字原本是來自中國，而現在已經變成普通的俗名，是無人不知的。

但是在日本從前也曾經稱它們為雪中花。這是因為它們即使在雪地中也會開花，是個非常好的名字。

在中國之所以會讚其為水仙，是因為這種草適合生長在潮濕的土壤中，因此需要水，也因此而這樣稱呼它。仙就是所謂仙人的仙，應該是在讚賞其脫俗不凡的姿態吧！在中國也將其稱為金盞銀台，這種形容還真是相當貼切呢！

水仙的花通常是以單瓣的為主，不過在中國也有稱為玉玲瓏的重瓣花。另外還有稱為青花的，花為重瓣的淡綠色，這被認為是在水仙中最俗氣的花，幾乎沒有人在意。十二月到房州去的話，在路邊生長的水仙通常都是這種，不過由於沒有人要採摘，所以常常留著開花。

在市內有販賣一種名為中國水仙的花。大概是在十一月左右時會開始開花，把水仙又白又粗的球放置於水盤中等它開花極富雅趣，在新年時把花放在桌上當成裝飾真是無與倫比啊！

不過這並不是跟普通的水仙不同種的花，是完全相同的物種。只不過有施肥讓它獲得充分的養分讓球變大，等季節到了的時候把它挖出來，在秋天拿出來販賣。

水仙的球，也就是園藝家所謂的球根，其實並不是根而是鱗莖，養分被貯藏在這裡，而變成肥厚的肉質。

到了春末葉片枯萎，只有球的部分還活著留在地裡面。當新葉在秋天發芽時，靠的就是來自貯存在這個球裡面的養分。此外，從球下方發出的白色鬚根當然也會輸送養分。換句話說，水仙是通過來自球和根雙方的養分供給而生長的。

球的外面有一層薄薄的黑色外皮包覆，那是逐漸從內部被推到外面的層失去養分、失去水分、失去活力之後最終變成的薄皮。

水仙的球莖就像是葉子的腳一樣，而蔥、洋蔥、蕗蕎、大蒜的球莖也都是如此。我們平時在吃的是葉子的一部分。換句話說，我們是在吃蔥、洋蔥、蕗蕎、大蒜的葉子，絕對不是在吃它們的根。這些植物真正的根，就跟水仙的一樣，是球莖下方的白色鬚狀根。

把水仙的球莖切開來的時候，會發現裡面有黏液讓它感覺黏答答的。據說婦女的乳房腫脹的時候，只要把這個球莖磨碎敷上去就會有效。此外還說由於這種黏液的黏性很強，拿來把紙黏在一起時非常好用。水仙除了觀賞價值以外，在實用方面好像也只有這兩種已知功效。

水仙通常是從球莖的中央長出四片葉子，這是從下方的本莖頂部長出來的，而其下方則呈短筒狀。在這些葉片的外側有三枚葉鞘。葉鞘同樣是由本莖長出來，以長筒狀捲在葉子上。

水仙的葉子之所以直立不亂，就是這個葉鞘包住葉子基部所致。

葉片在兩側各兩片對生，從地上長出來，但上方會輕輕搖晃，質地肥厚成白綠色，葉背的稜脊後翻，葉尖為鈍形。充分成長的葉片寬度約有二公分，長度可達六十公分左右，這是在花謝之後的狀態。在開花的時候，它們的葉片還沒有發育完全。

花莖是從四片葉子的中心往上方出現，但它是從位於球莖基部非常短的本莖頂端長出來的。花莖為綠色，光禿禿的完全沒有葉子。在植物學上把這樣的花莖又特別稱為葶。蒲公英、日本櫻草等的花莖也都是如此。

水仙花葶的頂端有著相當大的膜質花苞，從這個花苞中抽出數個綠色的小梗，在每個梗端各開一朵側生的花。

花在下方呈筒形，上方分成六片白色平開的花瓣。在花喉處呈杯形，有正黃色的副冠，在筒中有六條黃色的雄蕊及一個花柱。在筒的下方有綠色的子房，像這樣附在花下方的子房稱為下位子房。

在這裡很不可思議的，是水仙明明會開像這樣出色的花，也有雌蕊和雄蕊，在子房中有卵子，什麼器官都不缺，不知道為什麼它們卻在花謝了以後也不會結實。我至今都不曾聽過水仙結實，也沒有看過。可是像這樣的例子絕對不僅限於水仙而已，像日本鳶尾或石蒜等也同樣都不會結實。

原本開花就是為了要結果，要是這樣想的話，水仙的花真是開得很無謂。想一想，還真是可憐的花。不結實的花真可憐。我不禁對擁有那純真的外貌、清冽的香氣，但縱然如此，卻沒有獲得任何回報的水仙的花感到同情。

然而水仙最大的優勢在於能夠以球莖無止盡地繁殖、產生後代、延續寶貴的系統。這也就是為什麼水仙至今仍舊很繁茂的原因。

IV 牧野一家言

五月豇豆
（誤稱的四季豆）

牧野一家言

位居指導世人立場的人，有責任要正確地說出所指事物的名稱並教導給世人。然而位居上位的這些人卻厚顏無恥地公開使用錯誤的名字，這不但對我們的文化來說是件非常可惜的事，而且持續煽動世人讓公眾繼續使用錯誤的名字，甚至可以說是一種罪過。在植物名稱上有許多這樣的誤稱，真是讓人困擾啊！

***

我認為喜愛植物的心，對人類來說是非常寶貴。愛一草一木就是珍惜它們，而不是傷害它們。如果你日日夜夜培養這樣的心，不想傷害人、會體諒他人的心情就會逐漸發達。以比較深奧的方法來說的話，就是博愛，也就是佛教中的慈悲心。假如能夠體諒他人的話，也就不會爭吵。爭吵的起因在於自我很強，只想要讓自己本身好的心情。我想要藉由植物培養濟弱扶強的心。因為倫理道德這件事情，比起理性，還是由感性著手比較好。

***

不論是多小的生物我都很喜愛。當我採集植物的時候，也會有各種各樣的昆蟲跟著一起來。在製作臘葉標本的時候，即使一隻螞蟻我也不會殺死。我會把牠放到門廊邊放走。在那種時候，我只會擔心那隻螞蟻被從距離數里的地方帶到這裡來，接下來會發生什麼事而已。我會擔心牠在進入其他螞蟻社會中時一定會受到排斥。我認為我之所以能夠有這樣的心，應該是基於我對植物的熱愛才自然養成的。

不論是任何事，我認為母親都應該要好好教育孩子才行。例如在給孩子喝咖啡的時候，咖啡是從哪裡採來的、產自哪個國家、哪裡的咖啡最好喝、是怎麼製作的，以及如何傳播到世界各地的。媽媽把這類事情講給孩子聽是極具意義的。我認為在今後的家庭之中，媽媽首先要具備這樣的知識，才能做好家庭中的子女教育。

⁂

為了要保持健康，適度的運動是有必要的。我認為採集植物對健康非常有益。因為那表示要走到野外去、曬曬太陽、呼吸新鮮空氣。我覺得我之所以總是很健康就是託此之福。雖然我在小時候體弱多病、骨瘦如柴，但是在去野山行走採集植物的過程中，身體逐漸變得強壯了起來。植物採集不是單單只有走路而已，還能夠打從心裡享受那個過程。帶著

⁂

快樂的心情走路是很好的運動。邊學習科學邊打造健康，這就是一舉兩得的雙贏啊！

⁂

我覺得今後日本位於世界各國之間保持獨立應該相當辛苦。首先，必須要有健康的國民。為了要有健康的孩子，母親也得要強健。我認為政府應該要更加考慮媽媽的健康才行。

⁂

植物就算沒有人類也能夠無憂無慮地生活，但是人類假如沒有植物，卻連一天也活不下去。人類處於必須要向植物致敬的立場。維持人類生活所不可或缺的衣食住行，全都來自於植物。人類必須要真心地感謝植物才行。

＊＊

假如誕生在這個世上的只有一個人的話，並不會發生什麼問題；但是如果有兩個人以上的話，一定會受到優勝劣敗的規則所支配，也必然會產生彼此互相讓步的問題。這個讓步是人類社會最需要的，而基於這種精神建立起來的鐵律則是道德和法律，它調節任性跋扈的優勝劣敗自然力量，抑強扶弱，保證全人類的幸福而不會過猶不及。這就是現今的人類社會狀態。

可是，由於這個世界上的人口真的很多，其中也就會有一些人完全不在乎其他人，只要自己高興就好，不論會不會對別人造成困擾還是我行我素，雖然身為人類社會中的一人卻抱持著錯誤的想法，還順著自己的心去做。也因為如此，社會的安寧與秩序時時受到威脅。於是有識者便努力嘗試著要以各式各樣的方法引導人們向善、想讓社會變得更為美好。現在有許多的學校，教授著各式各樣的學問，但仍舊有壞人接二連三地出現，導致很多的問題。在學校教育中，得要多教一些為人處世之道才可以。

⁂

現在的世界情勢以及日本的現狀，會深深感受到當務之急在於累積財富。我們的國家今後會急需非常多的錢。國民必須要有讓這個國家變得富裕的決心及極大的覺悟才行。金錢是讓國力變強的武器之一。人類有勇氣但是沒有雙手，就沒辦法有自己的國家，也無法獨立。一方面是熊熊燃燒的愛國心及勇氣，一方面是堆積如山的財富，這兩者只要欠缺其中之一，國家就會遭受滅亡的命運。於是能夠賺錢的天然資源就成為問題，且日本有許多有用的植物。假如一般的國民具有更多植物知識的話，應該就能夠不斷地發現新資源吧！

⁂

雖然日本人認為我們日本是「櫻花之國」而自豪吹噓，但是真的有吹噓的資格嗎？在我看來，那有點可笑。尤其是東京的櫻花根本不像樣。真是非常遺憾。

假如我是東京都知事的話，我一定會把東京都打造成櫻花之都。我想要讓東京都整體就像是被如雲般的櫻花埋沒那樣。

***

美麗的花菖蒲是日本的特產。縱然如此，日本卻沒有稱得上大的花菖蒲園。這真的是讓我很不滿意。在東京附近雖然有堀切、四木等的傳統花菖蒲園，但是規模那麼小，實在沒什麼用。假如是世界性規模的話，面積至少也要有個一里四方。這樣在有外國人來看的時候，有這麼廣闊的花菖蒲園，就不會因為是花菖蒲園的祖國而丟臉了。

要是再躊躇不前的話，就會被美國追趕過去。因為我聽說在美國明明就不是本國原生種，卻設有「菖蒲花會」。假如日本國產花的勝地位於他國的話，不是很可惜嗎？

＊＊＊

在我胸中經常會想到的事情之一，就是想在熱海打造一個大型的仙人掌公園。放眼望去有著大小高低參差不齊的仙人掌，一株一株地相依相連，只要一踏入園裡，就彷彿是走進熱帶國度一樣。這應該也能夠成為讓熱海變繁榮的措施之一吧！

＊＊＊

雖然世人總是雜草、雜草地貶低它們，但雜草也絕對不是可以輕忽的。你愈細細品味，愈能品嚐出它的滋味。此外，還有一些會讓你不禁發出感嘆聲，讚嘆大自然的巧妙。我希望世人現在能夠增加對植物的關心。因為這樣一來，那個人將會獲得非常寶貴的知識，以及深厚的興趣。

我到晚年才得到了各種頭銜。但即使沒有學位，我也跟有學位的人做同等的工作，我覺得那種競爭就像是在跟他們比賽相撲一樣的有趣。假如有學位的話，不論做了什麼樣的大事，都會被認為既然是博士就是理所當然，所以我完全不感興趣。做學問這件事，不應該對學位或地位等有任何的執著。應該要把專心致力於天生喜愛的學問當成生涯的目的，也是唯一的享受才行。

⁂

我認為教師的實力是教育的根本，教學的技術則是枝微末節。假如我是文部大臣的話，我的首要訓令就是要提升學校教師的實力。擁有豐富的知識是極其重要的。光是談論教育法或是教學技術，就像是光顧著打造大砲而忘記準備砲彈一樣。即使裝備再好，擁有很棒的大砲，沒有砲彈那也只不過是個裝飾物而已。

＊＊＊

一個真正的學者，即使擁有知識也絕對不會擺架子。只不過是有一點知識，跟宇宙的深奧比起來也是渺小到不值一提，完全不是什麼值得驕傲的事情。真正的學者是到死為止都會戰戰兢兢地努力學習，想要盡可能得多獲得一點知識的。

＊＊＊

假如人是馬的話會如何呢？如果狗是貓的話又是怎麼樣呢？不管是誰，聽到這種話後，應該會說這種白癡的問題就連瘋子也不會說而加以斥責或是一笑置之吧！

但是我卻深刻地體認到世間有和這個類似的事情正在公然進行，而這無疑證明了日本文化的低劣。何況上從政府官員，然後是學者，接下來是教育者，下到世間的有識者及普通人為止，都在這種罪人之列，聽到這種事情實在讓我啞口無言，驚訝到張開的嘴巴合不起來，感到非常的可悲。例如把ジャガイモ說成馬鈴薯的這個問題正就是如此，因為ジャガイモ絕對不是馬鈴薯。假如你不喜歡被說成是馬或是貓的話，你應該要立刻痛改前非立即懺悔，把馬鈴薯這個名字給削除掉，淨化身邊的汙穢。然後，逃避無知的指責，否則你就沒辦法稱為是個有文化的人。

***

為了日本文化，我深切地意識到，有必要修改到目前為止市面上已經出版的所有漢和字典的文字舊讀音。然而修改讀音雖然是極其重要的頭等大事，對學界來說實際上也是很緊迫的課題，但是到目前為止卻沒有半個學者提及這個問題，不曾有過主張，也欠缺實行的勇氣。這絕對稱得上是日本學者的恥辱、怠惰疏忽，也是日本學界的缺點，更是學生的不幸。

編註：請參考〈ジャガイモ不是馬鈴薯〉一節。

如果在學術界擔任莊嚴法官任務的神聖辭典是一本錯誤百出、舊態依然的漢和辭典，那麼不論是學生、教育者、普通百姓等也就無法充分獲得他們所要求的正確知識，還有比這更為悲哀的不幸嗎？我平時就在擔心這件事。現在就讓我簡單地用植物來舉幾個錯誤讀音的實例，來證明我的主張絕對不是胡說八道。

***

首先，將ヨモギ這種植物稱為「蓬」或是「飛蓬屬」是很大的錯誤。蓬原來是指包含藜科等植物在內的一類草，野生於中國北方地區，到了冬天就會乾枯連根拔起，受到所謂的朔北風吹拂，在沙漠地等翻滾移動著，所以要盡早把不當用在蓬及飛蓬屬的讀音給改掉才行。若要幫這種蓬加上日本和名的話，應該稱為車草或滾草比較適當。

***

蓬：ヨモギ（yomogi），學名為 *Artemisia indica* Willd. var. *maximowiczii* (Nakai) H.Hara。

車草：原文為「クルマグサ」(kurumagusa)，又稱寶蓋草，學名為 *Lamium amplexicaule* L.。

滾草：為作者自取名，原文為「コロビグサ」（korobigusa），又稱刺沙蓬、風滾草，學名為 *Salsola tragus* L.。

其次是カシ，被當成カシノキ（檀木）的「橿」，也寫在橿原宮名字裡的那個橿字，它絕對不是櫟屬。在中國的字書《廣韻》和《字彙》中記載著萬年樹之名，所以那一定是很堅硬的樹的名字，但它卻絕對不會是我們的カシノキ。此外，橿也是鋤頭柄的名稱。

***

接下來是用來表示スミレ的「菫」字，它自古以來就一直被稱為スミレ，但是這個字跟スミレ完全沒有關係。真正的菫不論在中國或是朝鮮都是種植在農田裡的繖形科食用植物，一名菫菜，又名歐芹，或稱為オランダミツバ，也就是旱芹。從以前到現在為止的學者都把這種菫當成是スミレ，只能說真的是太草率且杜撰至極。這種菫原本被視為一種蔬菜，在《本草綱目》那本著名的中國書籍中，也堂堂地以菫之名，將菫和芹菜放在同一個類別中。今後我們應該要改正過去的錯誤，停止把菫這個字套用在スミレ上面，否則就是對學問的冒瀆。

カシ：kashi，櫟，殼斗科的常綠喬木，櫟屬（*Quercus*）植物的總稱。下文カシノキ（kashinoki）為橿木，實際上是不同物種。

スミレ：紫花地丁、貝克菫菜，學名為 *Viola mandshurica* W. Becker。

繖形科：科名為 Umbelliferae。

歐芹：日文漢字為「旱芹菜」、「旱芹」，學名為 *Petroselinum crispum* (Mill.) Nyman ex A.W. Hill。

接下來是把用在菅笠、菅原等的「菅」這個字讀成スゲ或カヤ，也是完全錯誤的，菅這種植物存在於中國有，但是日本沒有分布的禾本科植物，也就是糙隱子草。

**

然後把萱草的「萱」（這是忘記的意思）讀成カヤ也是完全錯誤的。普通是寫成漢字「刈萱」，但是萱絕對不是可以讀成カヤ的字。

**

另外，把ススキ寫成「薄」也是錯的，這個薄字絕對不是草的名字，那是意為迫近的形容詞。由於ススキ是叢生，彼此相鄰地緊密生長在一起，所以古人就把這個薄字給用在ススキ上面。

スゲ：suge；カヤ：kaya，後者即日本榧樹，學名為 *Torreya nucifera* (L.) Siebold & Zucc.。

糙隱子草：シナガリヤス（shinagariyasu），學名為 *Cletstogenes squarrosa* (Trin. Ex Ledeb.) Keng。

萱草：ワスレグサ（wasuregusa），學名為 *Hemerocallis fulva* (L.)L.。刈萱：カルカヤ（karukaya），為鬚芒草屬（Andropogon）。鬚芒草（メリケンカルカヤ〔merikenkarukaya〕，學名為 *Andropogon virginicus* L.）是世界百大入侵種植物。

ススキ：susuki，芒，學名為 *Miscanthus sinensis* Anders.。

還有，一般寫成「欅」，讀作ケヤキ的植物也有誤。這個欅也就是中國的麻柳，我們現在將它稱為楓楊，是中國特產的落葉大喬木，屬於胡桃科，和日本的水胡桃同為楓楊屬。

⁂

接下來是被當成ツキ的「槻」，但這個漢字絕對不是槻。從前說的槻就是現在的欅，不過現在的林務人員或是木材店等所稱的ツキ和ケヤキ是同種，而且是指那種木材的下等貨。

⁂

還有讀成ヒノキ，寫作「檜」的植物絕對不是檜。這是イブキビャクシン（檜柏、圓柏），也就是略稱為イブキ的植物。

⁂

ケヤキ：keyaki。欅的學名為*Zelkova serrata* (Thunb.) Makino。

楓楊：シナサワグルミ（shinasawagurumi）或カンポウフウ(kanpoufuu)，學名為*Pterocarya stenoptera* C. DC.。

水胡桃：サワグルミ（sawagurumi），學名為*Pterocarya rhoifolia* Siebold & Zucc.。

ヒノキ：hinoki，日本扁柏，*Chamaecyparis obtusa* (Siebold & Zucc.) Endl.。

編註：日本扁柏〔學名為*Chamaecyparis obtusa* (Siebold & Zucc.) Endl.〕的日文漢字寫作「檜」，讀作ヒノキ，但作者認為能以漢字「檜」表示的植物為檜柏、圓柏，讀作イブキビャ此外，被用在スギ的「杉」其實也不是スギ，這個漢字的本尊是コウヨウザン或是三尖杉屬的一種植物，和日本的スギ沒有半點關係。

⁂

再說到「梓」這個字，自古以來就被讀成アズサ也是非常大的錯誤，因此把アズサユミ寫成「梓弓」就不正確。梓指的是在日本沒有分布的落葉樹，和紫葳科的梓樹同屬（キササゲ屬），會開白花的楸樹（トウキササゲ）。原本在日本稱為アズサ的本尊則是樺木科的落葉喬木——日本櫻樺，生長在深山之中，也是古時候用來製作弓的材料。另外，把梓套用在カワラヒサギ和野桐上也是錯的。

⁂

再來是通常把讀作フジ的植物寫成「藤」字，這也是錯的，因為這個藤字是指攀緣莖或是藤蔓，所以不能夠讀成フジ。藤這個字是藤

クシン（Ibukibyakushin），學名為 *Juniperus chinensis* L.。

スギ：sugi，即日本柳杉，學名為 *Cryptomeria japonica* (Thunb. ex L.f.) D.Don。

コウヨウザン：kouyouzan，即杉木，學名為 *Cunninghamia lanceolata* (Lamb.) Hook.。

アズサ：azusa。

アズサユミ：azusayumi。

楸樹：トウキササゲ（toukisasage），又稱為金絲楸，學名為 *Catalpa bungei* C.A. Meyer。

編註：請參考〈梓弓〉一節。

蔓植物的總稱而已。一般觀賞花的フジ必須在藤字上再加一個紫字，寫成紫藤才會真的成為日本紫藤的名字，但是嚴格說起來那是中國產的フジ的名字，日本紫藤其實並沒有能夠寫成漢字的名字。因為中國的紫藤和日本的フジ雖然是同屬，卻分屬不同物種。

⁂

還有寫在高山樗牛裡的這個「樗」字，自古以來就把這個字認為是ヌルデ或是オウチ的漢字，但這也是錯的，樗是今天所稱的神樹，又名ニワウルシ，原本是原產於中國的樹木，被稱為「樗櫟之材」，在明治初年被移植到日本。

⁂

還有使用在ハゼノキ，也就是「櫨の木」的「櫨」字，這是把加了黃

フジ：fuji。

高山樗牛：一八七一－一九〇二，小說家、評論家。

ヌルデ：nurude，即鹽膚木，學名為 *Rhus chinensis*。

オウチ：ouchi，即苦楝，學名為 *Melia azedarach* L.。下文センダン讀作 sendan。

ニワウルシ：niwaurushi，即臭椿，學名為 *Ailanthus altissima*。

ハゼノキ：hazenoki，即野漆，學名為 *Toxicodendron succedaneum*。下文ハ

字的黃櫨省略後的叫法，但從自古以來就把它當成是ハゼノキ真的是非常大的錯誤，這種黃櫨是日本沒有分布的樹。在日本只會偶爾會被種植在庭園之中，日文名為カスミノキ，葉片為單葉對生。

⁂

接下來，日文代表「サクラ」的「櫻」字絕對不是サクラ。原本這個櫻字是把加了一個桃字寫成櫻桃之後省略而成，而這種櫻桃是中國的特產，並沒有分布於日本。由於它的果實可供食用，所以被歸為果樹。現在市面上可見的歐洲甜櫻桃是原產自歐洲，雖然都有「櫻」字，卻是不同物種。在植物界是以歐洲甜櫻桃和中國櫻桃，也就是真正的櫻桃加以區分。

⁂

還有用在楠木正成等人名字中的「楠」（クス），把它當成樟樹是非常

ジノキ讀作 hajinoki。

カスミノキ： kasuminoki，即黃櫨，學名為 *Cotinus coggygria* Scop.。

編註： 請參考〈日本的櫻與西洋的櫻〉一節。

サクラ： sakura。

楠木正成： 一二九四－一三三六，鎌倉時代的武將。

クス： kusu。

樟樹： クスノキ（kusunoki），學名為 *Cinnamomum camphora* (L.) J.Presl。

大的錯誤。把它當成ユズリハ也是錯的。而且由於楠這種植物原本是日本沒有的樹，也就因此沒有日文名稱。クスノキ的正字應該是樟。

⁂

再來是「椿」，把這個椿的漢字讀成ツバキ是錯的，其字音為チン，訓讀的時候則要讀成チャンチン才行。然後把椿的漢字讀成ツバキ是錯的，和椿同樣字體但是將它音讀成ツバキ的時候，那是「和字」，也就是日本製的漢字，原本是沒有字音的，勉強要用字音讀的時候就只能讀成シュン了。換句話說，在稱呼日本山茶（ツバキ）的時候，絕對不可以發音成チン。所以由烏丸光廣所著，寫有ツバキ的百椿圖就不能讀成ヒャクチンズ，而要讀作ヒャクシュンズ。

⁂

通常表示ハギ漢字的萩，把它讀成ハギ是不應該的。雖然是相同的漢

ユズリハ：yuzuriha，即交讓木，學名為*Daphniphyllum macropodum*。

ツバキ：tsubaki，即日本山茶，學名為*Camellia japonica* L.。

チン：chin。

チャンチン：chann-chin。

シュン：shun。

ヒャクチンズ：hyakuchinzu。

ヒャクシュンズ：hyakusyunzu。

ハギ：hagi，胡枝子屬（*Lespedeza*）。

字，但是只有在日本種植的萩才能夠稱為ハギ，漢字的萩跟ハギ一點關係都沒有。像這樣日本自創的萩字是為了用在ハギ上才造出來的，所以沒有字音。就跟峠（とうげ）、裃（かみしも）、拵る（むしる）等的字是一樣的道理。

⁂

還有「楓」，雖然在日本是把這個字用在カエデ或是モミジ的漢字上，但這其實是稱為臺灣楓香的樹，以學名來說是屬於金縷梅科，和カエデ是完全不同的樹。那位知名詩人杜牧的詩「遠上寒山石徑斜，白雲深處有人家，停車坐愛楓林晚，霜葉紅於二月花」的楓絕對不是カエデ。這種楓的葉子會變成很美的紅色，所以中國人會欣賞它的紅葉。

⁂

另外還有把「茱萸」讀成グミ的，但這絕對不是胡頹子屬，那是指會

しゅう：shu。
峠／とうげ：touge。
裃／かみしも：kamisimo。
拵る／むしる：mushiru。
カエデ：kaede，楓屬、槭屬（*Acer*）。
モミジ：momiji，楓樹，楓屬、槭屬。
臺灣楓香：フウ（fuu），學名為 *Liquidambar formosana* Hance。
グミ：gumi，即胡頹子屬（*Elaeagnus*）。

結小而乾的果實的吳茱萸，這種果實可以供作藥用。換句話說，中國人在九月九日重陽節時使用的就是這個。日本的漢學者等把這種茱萸當成グミ，真是大錯特錯。

⁂

然後是蔬菜類的「菘」字在從前是用在タカナ（葉芥菜）上，但這絕對不是葉芥菜，應該要是トウナ才對。此外也很常將它讀成カラシオ，但這當然也是錯的。這個菘的別名自古以來就是白菜，現在的結球白菜也是其中之一。

⁂

還有把ヒイラギ的漢字寫作「柊」；エノキ的漢字寫作「榎」；シキミ的漢字寫作「樒」；ヒサカキ的漢字寫作「柃」；ツタ的漢字寫作「蔦」；フキ的漢字寫作「蕗」，這些全都是錯的。此外，把ヤマグワ的漢字寫作

タカナ：takana，葉芥菜，學名為*Brassica juncea* (L.) Czern. Brassica *juncea* var. *integrifolia*。

トウナ：touna，唐白菜、唐菜，學名為*Brassica campestris* L. var. *toona* Makino。

カラシナ：karashina，芥菜、刈菜，學名為*Brassica juncea* (L.) Czern.。

ヒイラギ：hiiragi，異葉木犀，學名為*Osmanthus heterophyllus* (G.Don) P.S.Green。

「柘」也是錯的，這是原產於中國的知名「柘樹」，為雌雄異株的落葉樹，幼樹的枝條上有刺，果實呈紅色，很甜，可以吃。葉子可用來飼養蠶。

此外，「茸」的字原本是指キノコ（菇類、蕈菇）、タケ（竹族）、ナバ（香菇），不是クサビラ（真菌）。另外，橘這個字並不是指タチバナ（橘柑），柚也不是ユズ（香橙）。

⁂

此外，「栗」這個字是中國用來稱呼クリ的名字，嚴格說起來並不能套用在日本的クリ上。畢竟日本的栗是沒有書寫用的漢字的。「松」實際上也是只限定於中國產的植物的名稱，產於日本的日本黑松、日本赤松都不適用松這個字。換句話說，這個クロマツ、アカマツ在日本沒有可書寫用的漢字名。

エノキ：朴樹，學名為 *Celtis sinensis* Pers.。

シキミ：白花八角，學名為 *Illicium anisatum* L.。

ヒサカキ：日本柃木，學名為 *Eurya japonica* Thunb.。

ツタ：地錦，學名為 *Parthenocissus tricuspidata* (Sieb. & Zucc.) Planch.。

フキ：蜂斗菜，學名為 *Petasites japonicus* (Siebold & Zucc.) Maxim.。

ヤマグワ：小葉桑、小桑樹，學名為 *Morus australis* Poir.。

柘樹：日文讀音為ハリグワ，學名為 *Maclura tricuspidata* Carrière。

クリ：kuri，屬名為 *Castanea*，中文譯為「栗」。

日本黑松：クロマツ（kuromatsu），學名為 *Pinus thunbergii* Parl.。

日本赤松：アカマツ（akamatsu），學名為 *Pinus densiflora* Siebold & Zucc.。

最後還有一個，國鐵至今仍然使用「改札口」**這個詞。改札這個用詞實在太糟糕了，根本沒有意義。像這樣毫不猶豫地使用這樣的詞是國鐵之恥。這應該要正名為檢札口才行。「改」是變更之意的アラタメ，不是檢查的意思的アラタメ。

改札口：kaisatsuguchi；檢札口：kensatsuguch。

アラタメ：aratame，日文的「改める」和「検める」發音一樣（aratameru）。所以作者意指此處漢字為誤用。

分辨不出味噌與糞便差別的園藝家

每年到了五月左右，東京的水果店就會開始販賣稱為オートー的水果。那是世人都很熟悉的小而圓的水果，成熟的時候通常是紅色的，看起來非常可愛。也有淺色或是帶點黃色的類型，孩子等都很喜歡吃。運到東京的大多是來自山形縣周邊。在那個地區由於這種水果結實累累，所以就多多栽種了這種樹。它們原本是來自西洋的種類。所謂的オートー其實只是用片假名來寫的おうとう，也就是來自「櫻桃」的漢字發音。把這些總稱為櫻桃，是去年園藝家聚集到東京開會，在討論這些物種名稱時決定的，當時參加那個會議的人之中也有許多博士，就連這些

編註：請參考〈日本的櫻與西洋的櫻〉一節。

人也都連呼櫻桃、櫻桃地喊得很開心。

這真是令人難以置信。櫻桃原本是中國的特有植物，除了這種植物之外都不是櫻桃，而只要說到櫻桃絕對就只能是指這種植物。而且它們是在西洋絕對沒有分布，在學術上稱為中國櫻桃的一種樹。換句話說，所謂櫻桃是僅限於這個學名的植物的專有名詞，除了這種樹以外，正如前述所說，世界上其他的地方都不會有。這種櫻桃在明治初期傳入日本，至今仍然隨處可見，但是卻好像沒有人積極種植它們。在早春時比葉子先開的淺紅色花朵，讓我聯想到我們的彼岸櫻。在花謝葉子長出來後，會結直徑五分左右的紅色圓形果實，這可以食用，但是卻不太會在市面上販售。樹為灌木，從主幹分枝出來，叢生的葉子和八重櫻的葉片差不多大。

如前述所說的，現在市面上的所謂櫻桃絕對不是原產於中國，而是來自西洋，在東方完全沒有天然野生的種類——歐洲甜櫻桃，俗稱 Sweet cherry。在春天發新葉時也同時會開白花。

因此這兩種很顯然是不同的物種，一種產於東洋，一種產於西洋，只是由於果實長得很像，就完全不動腦筋地一律使用東洋產的這種已經有專有名詞的櫻桃套用在西洋產的植物上，然後一起稱為櫻桃，還是決議之後的結果，實在是很粗暴的做法。也因此今天就變成了即使把西洋種的稱為櫻桃，也完全不會有人覺得奇怪的騙局。從而在那段期間引發名稱的混亂，導致令人困惑的現狀。至於說到究竟應該怪罪於誰，當然就是有參加前述會議的園藝。雖然在那場會議中也有相當知名的學者參加，卻沒有人能夠給出正確的意見。可想而知的就是眾人對那個事實是「無知」，也因此被說是「無法區分味噌和糞便的園藝家」也是沒辦法的。

農家的貧富改變了番薯

關於大家都很熟悉的番薯，有一件事是鮮為人知的。那件幾乎沒有人知道的事情，雖然不論是從其種類上或是實際上看來都相當重要，但是不知道為什麼，到目前為止有寫到甘藷（番薯）的各種書籍中，都還不曾將它描述得很透徹清楚。

在日本種植的番薯大概是以明治三十五年為界，產生了很大的變化。換句話說，在那一年前後，番薯的品種有了大轉換。而即使在這種薯上發生了如此大的改變，卻不曾有過任何文章來解釋清楚，真是令人感覺不可思議。也因此世人似乎便一直忽視這個事實，而完全沒有注意到這

明治三十五年：西元一九〇二年。

一點。

品種轉換究竟是什麼?就是到當時為止，一直普遍生產的品種突然被其他品種給取代，也就是新的品種驅逐了舊的品種，占領了原本的領域。

為了要理解這件事，需要具備一點背景知識。也就是說有必要事先知道在日本種植的番薯大致區成兩大類。其中一種是*edulis*種，另一種則是*batatas*種。雖然這兩者原本是同一個物種，也就是同種，但是在討論我們日本的番薯時，就有把重點實際放在這兩個品種上面的必要。這是實踐觀點的基礎。為了要考慮番薯傳來日本以後到今天為止的歷史，就必須從這一點著手，才能得出正確的推論。

正如上所述，這兩個品種轉換的原因，無疑是由於農家的經濟狀態影響到這些薯的結果。換句話說就是因為物價飆升，導致生活變得困苦。這種狀況最終成為左右番薯品種的問題而

編註：牧野所說的エズリス種（Edulis，學名為 *Ipomoea batatas* var. *edulis* (Thunb.) Makino）已經被併入甘薯本種，不再使用。全世界有數百個變種及七千個品系，已經不易區分，全歸入甘薯本種 *Ipomoea batatas* (L.) Lam.。

「Batata」在西班牙語及葡萄牙語指的就是甘薯（sweet potato），起源自加勒比地區原住民泰諾人（Taíno）的用語。

牧野所說的變種 Batatas 的完整學名寫法是 *Ipomoea batatas* var. batatas。通常變種名與種名重複時，會將 var. batatas 拿掉，學名就會變成 *Ipomoea batatas* (L.) Lam.，這就是甘薯的本種。

在分類的書刊文章中，如果本種與變種同時存在，才會使用下面種名重複的情況：

Ipomoea batatas var. batatas

Ipomoea batatas (L.) *Lam. var. edulis* (Thunb.) Makino

需要我們面對。

在前面說到是以明治三十五年左右為界而進行了品種轉換。在這個時期之前種植的是 *edulis* 種，之後的是 *batatas* 種。雖然之前的 *edulis* 種的番薯很好吃，但是後來的 *batatas* 種卻不好吃。這種難吃的番薯變得普遍常見，而那種好吃的番薯卻只剩下寥寥無幾，潛藏在陰影中，可說是呈現出一種奇特樣貌。

原本番薯是農民的主食，也是維繫他們生命所不可或缺的材料。在物價上漲，農民的經濟狀態變得困苦之後，他們需要的是能夠不花太多功夫就可以大量收穫，並且能夠貯藏很久的作物。由於這種不可避免的情況，也就沒辦法挑剔味道的好吃難吃，就算味道比較難吃也只能追求收穫盡可能多、能夠貯存的期限越久越好，並接受這樣的滿足程度。換句話說，已經顧不了那麼多了。九州的某位農民這樣說。現在的番薯，會讓肚子脹得不太舒服，不過和從前，是現在的番薯的收成比較好，所以才會種植這個。

就像這樣，那種即使味道不佳但產量高的品種勝出，讓農民前仆後繼地種植，何況 *edulis* 種有許多讓農民不滿的弱點，就更加快了更換品種的速度。它們不但產量低，在冬季的貯藏期間容易腐爛，再加上持續乾旱、藤蔓變弱，讓生長變得遲緩。雖然這種的番薯的優點在於味道好，但是農民們卻面臨著無法僅憑著這一點好處就持續種植它們的時代。

傳統的番薯，也就是前述所說的 *edulis* 種，是從很久以前就傳入日本的品種，而在明治三十五年左右成為很普遍種植的作物。在距今大約一百六十年前左右，歐洲的植物學家通貝里來到肥前的長崎，看到種在那個地區的這種番薯認為是新種，並幫它命了學名 *Convolulus edulis Thunb.*（這個學名被後來的學者改成 *Ipomoea edulis*）。由於通貝里當然是知道 *batatas* 這個種，所以當時在我們日本種植的那種番薯，看在他的眼中就是不同的植物。其實只要比較 *edulis* 種和 *batatas* 種，很容易就能夠區分這兩者。

如果你問說那從明治三十五年以來就取代前述的 *edulis* 種，成為日

卡爾．彼得．通貝里：Carl Peter Thunberg，一七四三－一八二八瑞典博物學家。

本最常見的番薯是哪一種的話，那就是 *batatas* 種。它的學名為 *Ipomoea Batatas* Lam.，英文的俗稱為 Sweet potato。

雖然這個物種原本是產於熱帶美洲，如今卻已經成為世界上分布最廣的番薯。而它也是自古以來就傳到日本的。這種 *batatas* 種和 *edulis* 種，應該是在同一個時期被引進的吧！另一方面，*batatas* 種應該是因為味道輸給其他種，才讓人們不在乎它吧！人們普遍認為自己已經培育出美味的 *edulis* 種了。雖然在經濟寬裕的從前是那樣就夠了，但是像現在這樣緊張的社會情勢下，已經不可能繼續這樣。由於有這樣的弱點，在瞬間就占領了日本國內農地的是產量多的 *batatas* 種，而它們的全盛時代在今後也將持續很長一段時間。

老實說，前述的 *edulis* 種原本是 *batatas* 種的一個變種（我曾經把它們的學名命成 *Ipomoea Batatas* Lam. var. *edulis* Makino），相較於 *batatas* 種也有一些不同點，所以前述的通貝里就注意到這點，並對這個物種發表意見。

環顧世界，前述的 *edulis* 種相較於 *batatas* 種不但數量少，而且相對稀有。我在西洋的書籍上看到的這類植物圖全都是 *batatas* 種，到目前為止還不曾看過 *edulis* 種的圖（不過在日本的書籍上有刊載）。

如上所述，在今日的日本是以 *batatas* 種廣為流傳並處於主導地位，而在上個時代占優勢的 *edulis* 種則走上凋零的命運，現在的情況就是榮枯興衰的處境完全相反，不過那也不是說完全消失，而是還苟延殘喘地保留著一絲絲的氣息，讓我們植物界的人士非常高興，關於這一點，我一定要向各位夫人、小姐、女學生、女僕表示深深的謝意才行。那是由於各位最喜歡的烤地瓜仍然存在於現代，託此之福，才讓這個 *edulis* 種很幸運地在川越等地被種植著，並以川越地瓜的名字在市場上出售，所以它們暫時還可以垂死掙扎一陣子不會馬上滅絕，我們也還可以暫時鬆一口氣。

味道好的 *edulis* 種的番薯切開後，肉是白黃色的，質地粗糙，蒸熟後就成了所謂的栗子地瓜；而 *batatas* 種切開來的肉色是白色且質地很細，蒸熟後多半是通稱的水地瓜。皮的顏色是兩者都有各種不同的顏色，所以只靠外皮顏色是無法區分這兩者的。

到農田去看它們實際上的生長狀況時，可以看到 *edulis* 種的莖比較粗，和新葉一樣都是帶紫色的為多，也因此放眼望去整片農田的時候，會覺得是呈現紫色的。葉片為圓圓的心臟型，偶爾會在葉緣有耳裂片。

batatas 種的莖細長，和新葉一樣通常顏色很淡，顏色很綠。葉緣有耳裂片，有時葉片還會裂開，像楓樹的葉片那樣。

前述這兩種花的都一樣外觀都很像牽牛花，只是花比較小且呈淺紫紅色。在臺灣、琉球等溫暖地區會陸續開花結實，在日本則很少開花，所以當它開花的時候大家就會覺得很稀奇。假如想要以人工讓它們開花的話，就在留下三片左右的葉子，把莖的兩端剪掉，顛倒過來便上方朝下方的方向插在地面上種下去，就能夠開花了。

有些地區會拿它們的葉柄煮熟之後調味食用。原本它們的葉子和藤蔓會一起丟棄的，要是把它當成食品的話，就能夠增加一種蔬菜，很合乎需要。我認為我們平時就像這樣注意到這類事情是很重要的。這也就是所謂的廢物利用。

比較早上市的是 *batatas* 種，根據種植的手法，還能夠讓它們更早結番薯。在這裡就寫一種能夠提早收成的方法。那就是在夏初的時候讓藤蔓從「薯塊」上長出來，然後不把藤蔓從「薯塊」上剪下來，就這樣地把那個「薯塊」種到地裡，新的地瓜就會比平時提早二十天左右發芽。

番薯這個名字在今天已經成為普通的稱呼，不論是哪一種或哪一個品種都是以這個通稱來稱呼。換句話說，那已經成為通用名稱，但是自古以來的方言，例如唐芋等加上地名的名字，則還是一樣是用原本的名字來稱呼。從我們植物學的方面來看，由於有必要區分 *batatas* 種和 *edulis* 種，我們就把 *edulis* 種稱為番薯，把 *batatas* 種稱為美洲番薯。撇開德川時代不談，要是想簡單描述明治維新以來在日本的 *edulis* 種、*batatas* 種，大致就像前面講的這樣。我現在從頭檢視那個轉變的過程，還是覺得相當有趣。

《大言海》中的四季豆

就像是在久旱中盼到雲霓一樣，我心儀已久的文學博士大槻文彥老師的大作《大言海》第一卷終於發行了，我立刻購買並迫不及待翻看。但是在閱讀的過程中，我發現今日我們在東京附近通稱的いんげんまめ被寫成いんげんささげ，而其解說則像我列於左邊那樣。由於我對此有些話要說，所以首先我將全文轉載如下。那就是：

「いんげん—ささげ，名詞，隱元豇（明朝僧侶，隱元，承應三年歸化、據説是他首次引進），豆類。苗和葉都跟扁豆很相似，細小，在葉

いんげんまめ： ingenmame，即四季豆，學名為 *Phaseolus vulgaris* L.。

いんげんささげ： ingensasage。

扁豆： 又稱鵲豆，フジマメ（fujimame），學名為 *Lablab purpureus* (L.) Sweet。

さやいんげん： sayaingen。

間會開白色、紅色、紫色等的花，比扁豆早結豆莢，形狀扁、長約四五吋，未熟的豆子和豆莢可一起煮食，稱為さやいんげん。豆子比蠶豆小，白色有光澤，變種有各種不同的顏色，一年會成熟數次，又稱いんげんまめ、いんぎんまめ。兩者都是在東京的稱呼。還有別的名字如たうささげ、ぎんささげ、えどふらう、かまささげ。」

如上。然後這與初版《言海》裡的內容幾乎完全一樣，就算這次改成《大言海》，也沒有加上什麼新的內容。這篇大槻老師的文章，是以小野蘭山的《本草綱目啟蒙》為本而寫的這件事，只要稍微看一下後面的《啟蒙》就很清楚。從而我現在就將它抄錄如下，供大家參考。

とうささげ又稱為いんげんまめ（江戸）、信濃まめ（伊州）、五月ささげ（和州）、甲州ふらう（讃州）、江戸ささげ（播州）、江戸ふらう（予州），銀ふらう、ふらう、まごまめ、にどふらう全都同上，にどなり（勢州）、三度ささげ（阿州）、ちやうせんささげ（肥州）、なたささげ（奥州）、かまささげ（丹波）、八升まめ（江州）、かぢはらさ

蠶豆：そらまめ（soramame），學名為 *Vicia faba* L.。

さげ、ぎんささげ（越前）、仙台ささげ（下總），漢名菜豆（《盛京通志》），這跟苗葉扁豆很像，很早就結豆莢，形扁、長度三四寸，在未成熟時連皮一起煮食；成熟的豆子比蠶豆小而有光澤，顏色有白紅黑等的十幾色，栽植後很快成熟，便會再三長出豆子，因此被稱為二度ふらう或三度ささげ。

在《啟蒙》的文章如上，這種豆子就是今日以東京為中心，一般被稱為四季豆的豆子。它的學名為 *Phaseolus vulgaris* L.，原產地據說是美國，但是今日它已遍布世界各地，其豆莢和豆子都已經成為一種日常食物。

之所以會認為它大概是在二百三十年前左右進到日本來，只要看到在二百二十四年前，於寬永五年完成（出版是在隔年），貝原益軒所著的《大和本草》上的「近年來自異國」（全文如下）的句子就知道了。在那之後出版於安政三年，飯沼慾齋著的《草木圖說》中收錄了「五月さゝげ、たうさゝげ、菜豆」的圖說（在明治八年的改訂版中，田中芳男和小野職愨兩位才首次加入四季豆這個名字）。現在的小學、中學、

編註：寬永五年為西元一六二八年，貝原益軒的年代較晚，《大和本草》是一七〇九年出版的，此處可能是原書誤植，正確年號應為寶永五年（一七〇八年）。

貝原益軒：一六三〇－一七一四，江戶時代的本草學者、儒學者。

師範學校、農校、女校等的教科書或是植物學書上所寫或是圖示的いんげんまめ都是這一種，一般的學者好像幾乎所有人都不知道除此之外還有別種叫做四季豆的植物。因此他們好像就認為四季豆這個名字是絕對的。那種豆子的皮的顏色多種多樣，特別是有褐色斑點的被稱為うずらまめ（有一種大豆也稱為うずらまめ）。我的少年時代，在我的家鄉土佐高岡郡佐川町只有紫黑色的那種豆而已，我記得它被稱為銀ぶろう。蘭山所稱的菜豆是不吃嫩豆莢，只煮豆子來吃的前述いんげんまめ的漢名，而正如轉載的《本草綱目啟蒙》所引用的那樣，在《盛京通志》卷二十七，物產、穀的篇章中則寫著「菜豆如篇豆而狹長可為蔬」。

這個いんげんまめ的名字其實可說是一種假冒，我可以毫不猶豫地斷言那樣稱呼這種豆子是不純正的。一般認為這個名稱大概是往時從江戶（現在的東京）為中心出發，再擴散到四方去的。在《本草綱目啟蒙》中也在いんげんまめ的名下註明了江戶，而且能夠當成那是當時江戶的稱呼這件事的證據真的非常有趣。這個名稱之所以加在這種豆子上面的

斑豆：うずらまめ（uzuramame），學名為 *Phaseolus vulgaris* L. Pinto Group。

原因正如前述，真的是非常有問題，但是又在不知道在那之間存在著不爭的事實的情況下自己渙然冰釋（參照後條）。從此這個不純的冒稱，或說贋造的假名在關東地區傳開擴散，導致像今天這樣這個名字變得普遍流傳，並蒙蔽了許多學者。回顧從前，在距今大約二百二十年前，這種豆子還沒有被普遍稱為いんげんまめ。看看編於正德二年，寺島良安的《倭漢三才圖會》中，關於這個物種的記載文還沒有這個名字時大概就會懂。也就是說，那個原文直譯就是「唐豇豆（一名朝鮮豇豆），豆莢長約三四寸、寬約五分，形狀像扁豆的豆莢但是不彎曲。在六月初時上市，在豇豆還沒長出來時煮食，很受珍視。不過卻微微帶有未熟的草腥味，不太好聞。」但是在比《倭漢三才圖會》要早四年左右出版的貝原益軒的《大和本草》則寫著「隱元豆，豇豆類，中文名不詳，近年從外國傳入，又名梶原ささげ。這種鄙俗名字的由來是因為它們的葉子跟赤小豆的很像，不會長蔓藤，豆莢比大豆的長、比豇豆的短又厚，在五月時就早早會成熟，只要栽種的話，一年可以採兩次當成蔬菜煮食。和豇豆一樣就像抹了粉一樣，和孩子的皮膚一樣白皙，在京都稱為眉兒豆（筆者言：是指扁豆）的和隱元豆是不同的。」由此就可以想像有些地方已經將其稱為いんげんまめ。總而言之在這個時候這種豆子還不普遍，甚至可以說是相當稀有。

前述的いんげんまめ就像我已經說過的，雖說現在那個名稱已經傳開，變得很像通稱一樣，不過大家也應該要知道這種いんげんまめ和隱元禪師沒有半點關係。可是在前面提到過的《大言海》（三省堂的《日本百科大辭典》等也是一樣）都把它當成跟禪師有關係，在文章開頭還會像是引用般的寫著「明朝僧侶，隱元，承應三年歸化，據說由他首次引進」，只能說是對這種豆類的認識不足，對於各種各樣的百般事物，好像扮演法官角色的辭典，尤其是好像很博學的作者，經過幾十年對於書中各個條目反覆推敲寫成的這部《大言海》，居然遺漏了這麼明顯的事實，真是讓我大感意外。此外其他特別是關於草木植物的部分，需要全面訂正修改之處還有許多（例如日本櫻樺、絞股藍等）時，雖然那只不過像是

編註：作者原文如此。《盛京通志》原文應為「菜豆如扁豆而莢長可為蔬」。

絞股藍：*Gynostemma pentaphyllum* (Thunb.) Makino。

滄海中的一粟，但是剛剛列舉的事項也不能輕易放過的。那就好像在炙熱大放光芒的太陽表面留下黑點，在潔白閃耀的白堊上留下春泥一般讓人感到遺憾呢！

作者大槻老師一方面就像銀杏的案例那樣，極力宣揚發現了嶄新的事實，另一方面又持續述說已經被歸為陳腐到極點（關於草木）的舊理論，反而無法視為能夠啟蒙世人的新說法，真的是讓渴望、崇拜、謳歌這本辭典能夠具有所謂標準價值的我們之不幸。在我看來，假如就連學問貫古今，見識通海內外的碩學大槻老師傾盡全力完成的最新著述都有這樣的缺陷，現在剛出道的白面書生學者對於百科辭典這樣重要的書籍反而可能會不自量力、厚顏無恥地競相玩弄淺薄文筆卻還洋洋自得，真是不禁讓人反感。

總之，不用說的是這部《大言海》至少在草木部分，就如我前述所說的，應該有必要再重新作一次校訂。無論如何，關於某些事情，這次的《大言海》雖然在大槻老師過世之前就已經知道正確的新知，卻也依然

銀杏：イチョウ（ichou），音似中文「鴨腳」，學名為*Ginkgo biloba* L.。

夾雜著陳腐舊論是不爭的事實，這對這本辭典的權威性來說實在是很遺憾。因此這本書不能囫圇吞棗全數相信，讀者必須先要做好心理準備，閱讀這本書時，無法從頭到尾都不打折地將內容視為正確標準的。雖然這確實是不管別人的僭越，現在回想起來，即使我和大槻老師不曾見過面，但是為了這本寶典，我沒有在大槻老師還在世的期間硬是把這些關於植物的事情跟老師說，提供資料給他參考，真的是非常遺憾。現在已經沒辦法追從老師，除了嘆息以外別無他法。

⁂

原為明朝僧侶，後在山城宇治草創黃檗山萬福寺，成為日本黃檗宗開山祖師的中國黃檗山隱元禪師，在距今二百七十八年前，承應三年歸化時，首次引進我們日本並且被稱為隱元豆的，假如不是像前面所說的いんげんまめ的話，那究竟是哪種豆呢？接下來就說個清楚。

承應三年：西元一六五四年。

被說是跟這位隱元禪師有關係的豆子，也就是自古以來稱為いんげんまめ，也就是隱元豆的，現在關西地區仍舊繼續沿用這個稱呼。這裡揭示的植物圖就是那種豆子就是扁豆，學名為 *Dolichos lablab* L.。這雖然原本是產於舊世界的熱帶地區，不過現在已經很廣泛的在世界各地種植。種小名的 *lablab* 據說是非洲埃及的土話。這種四季豆是在非常古代的時候就進入中國。中國古書中經常有以藊豆知名出現的豆子（李時珍說的是藊原本作扁，由於豆莢的形狀是扁的），如「人家種之於籬援，其莢蒸食甚美」、「此北人名鵲豆以其黒而白間故也」、「今処処有之人家多種於籬援間蔓延而上，大葉細花，花有紫白二色。莢生花下，其実亦有黒白二種白者温而黒者小冷，入薬当用白者」，同時時珍也做了「扁豆二月下種，蔓生延纏，葉大如盃，团而有尖其花状如小蛾，有翅尾形。其莢凡十余樣，或長或团，或如竜爪、虎爪，或如猪耳、刀鎌，種種不同，皆纍纍成枝。白露後，実更繁衍。嫩時可充蔬食、茶料，老則收子煑食。子有黒、白、赤、斑四色。一種莢硬不堪食，惟豆子粗円而色白者可入藥。本草不分別，亦欠文也。」等的解說。

假如這種豆子如前述，是於承應三年由隱元禪師所帶來，那就會是在距今二百七十八年前傳到日本來的。這也是在後光明帝末年，德川四代將軍家綱的時代，相當於公元一六五四年。這種豆子以這一年為出發點（雖然也有一說為在更遙遠之前的王朝時代〔奈良朝、平安朝時代的總稱〕就已經被引進）就在我國傳播直至今日的歷史，比那個菜豆（所謂隱元豆）傳來的時間要古老得多。菜豆的いんげんまめ相對於真正的隱元豆是新豆，從流傳史來看的話，沒有另一方的有影響力，很汗顏呢！

前述的原本的隱元豆是來自中國的說法之中，許多都把白花白豆的視為藊豆（白扁豆也一樣），把紫花黑豆的稱為鵲豆。然而小野蘭山根據上面摘錄的時珍《本草綱目》中的說法，在其著作《本草綱目啟蒙》中做了下面的敘述。

藊豆　あぢまめ《和名鈔》、とうまめ（土州）、かきまめ（予州）、ひらまめ

鵲豆　いんげんまめ、かきまめ（雲州）、つばくらまめ（遠州）、かんまめ（同上）、なんきんまめ（筑前）、ふぢまめ（江戸）、八升まめ（勢州）、さいまめ（上總）、せんごくまめ（勢州白子）、いんげんささげ（佐州）、とうまめ（城州黃檗）

鵲豆　在春天時產生種子，藤蔓甚長、葉片小，和葛葉很相似，無毛，花有紫色白色之別。之後會結扁莢，在豆子還沒熟的時候可和豆莢一起煮食。成熟時的豆子圓扁黑褐色或茶褐色，旁有白眉（筆者言：那也就是指臍〔hilum〕），白花者顏色潔白有小黑點，藥用白藊豆的苗葉形狀和鵲豆的無異，只不過豆莢很寬，內有硬殼，即使是還沒成熟的豆子也很難煮熟食用，豆子和白色的鵲豆相比是帶點微黃，顏色很像黃大豆的顏色，沒有黑點。

從前蘭山就像前面所說的那樣，把白花硬殼莢白豆當成藥材，一般的白花白豆以及紫花黑豆視為食品，不過這都只是同種中的些許差異，在分類上屬於同種的扁豆，不值得多說。而蘭山所說的藥材，不管目前在

いんげんまめ（四季豆）

世界上是否還有，現在應該都看不到了。這是因為現在各處種植的豆莢全都是以食用為目的，再加上中醫療法衰退已久，沒有中藥材的需要，人們就不再種植所致。但是在田中芳男、小野職愨兩位同撰的《有用植物圖說》（明治二十四年發行）中，對於ひらまめ（又名あじまめ）的藊豆加了「和鵲豆同種，不只是煮食扁大的嫩莢，其子粒有白色、淡褐色、紫黑色等，一起煮食會很脆很好吃」的解說，讚揚不論豆莢或是豆子都很好吃，所以跟蘭山所說的並不一致。因此我認為這個物種應該有各種不同的變種，或者是雖然有著相同的名字，但是甲乙兩者所指的實際上是不同的植物。這只是在一個物種內部的微小差異，因此在那周圍會產生混淆也是不可避免的。

關於這個物種，今日植物學家之間的通用日文名為ふじまめ（扁豆）。這個名字是由於它們的花是紫色，跟紫藤（ふじ）的花很像而來的。但是跟隱元禪師有歷史淵源的隱元豆的名字，之所以至今也還存在沒有被廢除成為死語，是因為就像上面所寫的，在關西的各個地方現在

明治二十四年：西元一八九一年。

編註：現在認為ひらまめ（兵豆、濱豆、小扁豆），*Lens culinaris* Medik. (1787)，為合法學名。あじまめ（*Lens esculenta* Moench，1794）與扁豆同為一種，但較晚發表，因此不合法，就變成 *Lens culinaris* Medik. 的同種異名。

藊豆即扁豆，種子和嫩莢可以一起吃。學名為 *Dolichos lablab* L.，是豆科的另一屬植物。

還有以いんげんまめ或是いんげん稱呼這種豆子的地方，所以我認為應該把這個名字當成正名改到正位上，以扁豆當成副名，以あじまめ為其最古老的名字，冒用者菜豆的いんげんまめ（即四季豆）改成五月ささげ就好；但是由於想要把今天已經流行到這種程度的那個いんげんまめ的名稱改掉幾乎是不可能的，所以這一點也是讓命名學者非常頭痛的地方。但就算沒辦法如理想般把名稱改掉，大家也應該要充分了解這兩個物種，也就是扁豆和四季豆日文名的由來，不要犯下像《大言海》或是《日本百科大辭典》等之類的錯誤才是最重要的事。

這種扁豆的豆莢短而扁平，長度大約二寸、寬約為四分，有幾個豆莢在豆莖上呈橫向排列。豆子的臍部又粗又長。這個物種在關西地區的種植數量比在關東地區更多。

在距今二百六十六年前，寬文六年出版的中村惕齋《訓蒙圖彙》中，出現該物種在日本第一張圖，並寫著あぢまめ，又名かきまめ。從那以後過了四十四年，在距今二百二十年前，正德二年出版的寺島良安《倭

編註：根據對應的西曆，兩書出版年分相距四十六年，並非四十四年。
寬文六年：西元一六六六年。
正德二年：西元一七一二年。

漢三才圖會》卷百四、菽豆類中，有藊豆和白扁豆的圖說。

藊豆 いんげんまめ

和名 阿知万女、俗名 隱元豆

事實證明這種豆子自古以來就存在於日本，只是沒有被廣泛使用，於承應年間黃檗的隱元禪師來朝之後在各處廣為種植。其葉比紫豇豆的葉大，煮嫩葉食用。六月開花，紫白相交，似藤花，短而朝上。其長四五寸，每瓣形狀似蛾，在豆莢長二三寸還嫩時煮食。軟時甜美，老則變硬無法入口，收穫豆子當種。顏色像栗子的褐色或是黑色，在邊緣處為正白色，大小如黑大豆，雖然可以用炒的方式烹調，但是沒辦法吃。

是一種葉花，豆莢上有細毛（筆者言：那應該很粗糙苦澀），很硬無法吃。俗名加木末女。這也屬於藊豆。即使沒有人種植，有時也會自己長出來。

白扁豆

理論上，白扁豆也就是藊豆中白而扁的豆子。花的顏色也是白色。以日向生產的為佳，山州攝州的次之，但均優於唐藥。

雖然在前述的《倭漢三才圖會》中也把白扁豆當成隱元豆，不過可以想像從前是為了當成藥材而特地種的。

我相信那些已經讀過前文的讀者，現在應該已經能夠清楚區別真正的隱元豆（あじまめ）及假的隱元豆（五月ささげ）了。雖然我們早就知道這個可說是老舊到發霉的事實，但是很意外地卻在今日仍因「頂尖」的《大言海》的敘述感到驚訝，於是出於我止也止不住的學習精神，就滔滔不絕地一直說下去了。讓大家感到無聊，真是抱歉。

隱元禪師，在地底聽著塵世關於菜豆的廣播，可能會由於不能接受而斥責那個冒稱之非，頭上冒煙、捲起衣袖。

隱元聽了假冒隱元的名字　いんげんがにせいんげんのなをきいて

豆子連聲哭說不不不　いんげいんげとまめなおたけび

編註：いんげ在土佐為的否定用語，與隱元日文讀音相同，為諧音用。

追記

雖然我絕對不會要求辭典學者得要和植物學者一樣，但我認為既然在辭典中有明文列舉那些項目，即使解釋得很簡單，相關的事實也應該是正確無誤的才對。此外，對於辭典學者，我並不是責怪他們沒有寫哪些部分，而是要求把既有的項目寫得正確。大家應該都同意這是使用者的合理要求吧！

為了方便了解前述兩種豆子來到日本的經過便整理如左。這樣大家應該能夠更清楚了解來龍去脈了吧！

正▼扁豆　いんげんまめ（又讀作ふじまめ、あじまめ）〔*Lablab purpureus* (L.) Sweet。〕

王朝時代進來（?）…………隱元禪師引進（二百七十八年前）

偽▼四季豆　いんげんまめ（五月ささげ）〔*Phaseolus vulgaris* L.〕

約在二百三十年前進來日本

編註：大約相當於西元一六五四年。

編註：大約是西元一七〇二年前後。

蘭山蓑米知識

小野蘭山後來認為今天所說的莔草是蓑米（ミノゴメ），在那之前他則以為現在的俯垂臭草是ミノゴメ。雖然蘭山在年輕的時候就跟大家一樣，在這方面有錯誤的認知，不過對於這種蓑米卻是一路錯到底。如果你想要知道事情的經緯，只要讀以下的文章就會知道了。

在蘭山的著書中，包含知名的《本草綱目啟蒙》之前驅《本草譯說》及《本草記聞》（均未出版），在這兩本書中關於ミノゴメ這種植物的描述如左。

莔草：カズノコグサ（kazunokogusa），日文又名数の子草、蓑米，學名為 *Beckmannia syzigachne* (Steud.) Fernald。

俯垂臭草：コメガヤ（komegaya），學名為 *Melica nutans* L.。

在《本草譯說》中寫著：

莔草　ミノゴメ　ミノグサ　ハルムギ　エッタムギスズメノムギ（若州）

多生於竹林陰暗處，葉似蓑衣，寬一分、長一尺餘，深綠色，白色莖上會結有如燕麥的小穗，若中獸肉之毒，將此與飯一起煮食可解。

其次在《本草記聞》中則是：

莔草　ミノゴメ　ミノクサ（大和）　ハルムギ　エタゴメ　スゞメノムギ（若州）

多生於灌叢陰暗處，葉片薄，長約一尺、寬約一分，形狀似蓑衣草，深綠色，三月時會抽如燕麥的小穗，開白花，若煮食其實可解獸肉之毒，故又有一名為ニエタゴメ和アリ。豈（通雅）、蔄（同）、蘄（同）、釋名守田（與半夏狼尾草同名）。

接下來是在《本草綱目啟蒙》中有著下列的內容（根據享和三年眾芳軒發行的初版本）。

譯註：現在查カズノコグサ會出現「別名ミノゴメ」。

莔草　ミノゴメ　ニノゴメ（雲州）　ハルムギ　エッタムギ　エッタゴメ

〔一名〕豈（通雅）、蒚、蔪、菥（均同上）

生於溝渊或田地，宿根不枯，在早春長葉子。形狀細長似看麥娘，抽莖數寸或一、二尺，葉互生，稍長穗，枝條直立圓扁，小子多堆疊，於初夏熱時變白掉落自生；村民的孩子撿拾做成糊，屠夫的孩子摘採煮成飯，食之可解獸肉之毒，也可解發熱，故又有エッタムギ名，是一種ミノゴメ，又名ミノグサ（和州）、スズメノコメ（若州），春天時可見於路旁樹下，莖高約一、二尺，細長葉互生，稍長穗，不直立，二分左右的花苞零散生長，往後垂、結小實，中文名不詳。

現在把前面三本書一起看過之後，會知道蘭山起初把其中一種蓑米當成是這種植物，但是後來他才發現那應該是別種植物才對，於是就訂正了最初的看法。也因此在《譯說》、《記聞》和《啟蒙》中的皆不是同一種而是完全不同的植物，只不過在《啟蒙》的文中只有「是一種蓑米等

等」的部分跟《譯說》及《記聞》一致。但是由於這全都不是真正的ミノゴメ，所以關於ミノゴメ要引用或是參考這些書的人，就有必要事先充分了解這個部分的事實。

這個《譯說》、《記聞》的全文以及《啟蒙》中ミノゴメ表示最開始時我有稍微提過一下的俯垂臭草，學名為*Melica nutans* L.，是生長在山地的宿根生禾本科植物，在灌叢旁等經常可見。從一株植物會長出幾根細莖，有窄葉。高度在一尺半內外，莖稍傾斜有點像「鳴子」那種趕鳥用的笛子，結相當大顆的小穗。由於那個樣子看起來像是稻穀垂著的樣子，所以才有俯垂臭草之名。不過雖然穀粒也相當大，我卻不曾聽過有人採下來吃。

有很長一段時間，每個人都相信前述《本草綱目啟蒙》中的ミノゴメ記述是正確的，即該植物是歐洲菵草。然而這種植物即使百人中就有百人都是這麼想，但現在已經確切知道那絕對不是真的ミノゴメ。換句話說，真正的蓑米，是蘭山等人沒有想到的甜茅，也就是*Glyceria acutiflora*

歐洲菵草：學名為*Beckmannia eruciformis* (L.) Host。

甜茅：學名為*Glyceria acutiflora* Torr. subsp. japonica (Steud.)

Torr. subsp. *japonica* (Steud.)。這是只會空談卻沒有實際考察的人才會犯的錯誤。

飛蓬為轉蓬

我從前曾經以「蓬不讀作ヨモギ」為題，寫了關於蓬的文章，不過這裡的蓬並不一定只是指一種草而已。在中國的北地蒙古一帶，只要到了天寒地凍、草木黃落雁南飛的秋末初冬時期，日夜就會有強勁的朔北長風吹盪沙漠，長在那裡大概是藜科（*Chenopodiacea*）以及蒿艾類的草本植物會被風的威力連根拔起，繁茂的枯草捲成一團滾來滾去，再被風吹到各處，最後往天涯吹向幾里之外，有時還會在空中飄揚，再飛到更遠處。那些草也不僅限於一個物種，我也不知道那是哪一種，因為我沒有

編註：請參考第251頁。

看到實際的狀況沒辦法確定，不過我認為那應該是一種地膚。這種吹沙塵的風如果是大陸性的風的話，就真的強烈到不止是草而已，可以想像應該會讓沙塵整個揚起。這若是發生在放遠望去一望無盡的荒漠中，那可真是既壯觀又淒涼悲愴呢！

中國的學者對蓬做了以下的敘述。例如：「按：蓬類不一……又名黃蓬草、飛蓬草，其飛蓬乃藜蒿之類，末大本小，風易拔之，故號飛蓬。子如灰藋菜子，亦可濟荒。」還有「其葉散生如蓬末，大於本，故遇風輒拔而旋」、「夫蓬善轉旋，非直達者也」、「飛蓬遇飄風而行千里」、「見飛蓬轉而知為車」、「秋蓬惡於根本，而美於枝葉。秋風一起，根且拔矣」、「古人多用轉蓬，竟不知何物。外祖林公使遼，見蓬花枝葉相屬，團圞在地，遇風即轉。問之，云：『轉蓬也。』」等的記述。被朔北湖地的長颷（大風）吹送的飛蓬也就是轉蓬，是當地的特色之一。

地膚：學名為*Bassia scoparia* (L.) A.J.Scott。

編註：引用出處參照「欽定古今圖書集成博物彙編草木典」。

珍名鐵線蕨

在動物中有放屁蟲（ヘッピリムシ），植物中也有石長生（カッペレソウ）。雖然石長生並不像放屁蟲那樣跟屁有關係，但卻跟蕨類（ヘルン）有關。這兩個名字帶著任誰看了都會嘿嘿嘿笑得很開心的味道，噗噗。

這種石長生的名字第一次出現於距今二百一十二年前，享保十一年（丙午）出版，松岡玄達所著的《用葉須知》第二卷，當時的名字為カツヘレサウ。現在就將那個條目抄錄如下。

譯註：日文的「屁」讀作へ（he），所以只要是へ或ぺ這種發音跟屁相近的字就會被當成諧音取笑，例如文中的放屁蟲（ヘッピリムシ，heppirimushi）及石長生（カッペレソウ，kapperesou）。

石長生：也稱單蓋鐵線蕨、箱根蕨，學名為*Adiantum monochlamys* D.C.Eaton。

蕨類：ヘルン（herun）。

享保十一年：西元一七二六年。此處所說的時間年歲有誤差，作者會在下一節說明。

譯註：正確應為《用藥須知》。

小鳳尾草　蠻名カツヘレサウ，蠻人傳多用治膈噎，以巴旦杏、鳳尾草、冰砂糖、甘草細末蜜煉用有效。又有大葉鳳尾草，俗稱ノタグヒ，和此不同，是指小雉見草、日本蹄蓋蕨類，一根會長數十莖而往四方散開，故云鳳尾草，小的則是ハカツヘレ草。

就是這個。這個カツヘレサウ的發音大概要讀成カッペレソウ吧！也有人把這種草寫成カッペレヘネレス。雖然也有人寫成カツヘレヘンネレス，但是後者這個名字才應該要寫成カッペレヘンネレス才對。在安政三年刻成的《皇和真影本草》中有ヘンネレス的名字。

根據若崎灌園《本草圖譜》第三十二卷，松岡說是カツヘレサウ，而荷蘭名為カツテイラ及ヘンネレス則列舉在ヌリトラノヲ的名字下。

當我試圖找出前面那些奇怪名字是屬於誰的時候，發現那指的是現在一般所稱的メリトラノオ。這是生長在我國各地溫暖地區的一種常綠蕨類植物。

在我試著想像カッペレソウ的名字究竟從何而來時，我認為那應該是

カッペレヘネレス： kappereheneresu。

カツヘレヘンネレス： katsuherehenneresu。

カッペレヘンネレス： kapperehenneresu。

安政三年： 西元一八五六年。

ヘンネレス： henneresu。

若崎灌園： 應為岩崎灌園，可能是原書誤植。

カツテイラ： katsuteira。

ヌリトラノヲ： nuritoranowo。

來自鐵線蕨的種小名 *capillus-veneris*。這種蕨類植物在歐洲是很常見的，日本則經常出現在溫室中，在西南部溫暖地區則會野生生長，日文名為蓬萊羊齒（ホウライシダ）。它的葉子的分裂型與上述的生芽鐵角蕨（ヌリトラノオ）雖然有很大的不同，但是從其葉柄與葉軸有光澤看起來就像是被塗黑了一般等來看，這應該是對這方面還很陌生的時代沒有想太多而導致的結果，換句話說，就是套用錯了。

前面說的這種蓬萊羊齒，也就是鐵線蕨的蕨類植物，從前在歐洲曾經被推崇為極佳的藥用植物，特別是在當成利尿劑及化痰劑使用時。但是後來只剩少數以它們的新鮮葉子當原料製作的洗髮水而已。基於相信這種洗髮水能夠刺激頭髮茂密生長，所以就以少女頭髮之意來命它的種名，而這種蕨類植物的英文名則為 Southern maidenhair fern。

以ヌリトラノヲ之名被收錄在上述《本草圖譜》第三十二卷第十六背面的圖，不是今天所說的生芽鐵角蕨（雖然白井博士、大沼宏平是這樣鑑定的），那無疑是鐵角蕨。在這個時候也許是把チャセンシダ（鐵

ヌリトラノオ： nuritoranoo，即生芽鐵角蕨，又名カツテイラ或ヘンネレス，學名為 *Asplenium normale* Don.。

ホウライシダ： 蓬萊羊齒，houraishida，即鐵線蕨，學名為 *Adiantum capillus-veneris* L.。

角蕨）稱為ヌリトラノオ（鐵線蕨），這只要做進一步的調查就能夠弄清楚。但因為現在沒有時間做這件事，所以我先把這個問題留到以後再說。要是這個《圖譜》的圖是現在所說的鐵線蕨的話，那個小葉應該要更長才對。不過換個角度想，灌園可能是弄錯真正的鐵線蕨實體，而對鐵角蕨做了素描，再把它寫成鐵線蕨。雖然在這裡有必要從根本去討論這兩種蕨類植物，但不管怎麼說，《圖譜》的圖就像我前面所說的，是現在所說的鐵角蕨。

如果ヌリトラノオ（鐵線蕨）是今天我們所說的チャセンシダ（鐵角蕨）的話，那就意味著カッペレソウ與チャセンシダ都是鐵角蕨的讀音；由於我認為只要看《真影本草》就能夠獲得解決的關鍵，所以我之後會想去讀前面那本書再來做決定，但我認為《圖譜》的圖是鐵角蕨，而被灌園弄錯把它當成鐵線蕨。

チャセンシダ： chasenshida，鐵角蕨，學名為 *Adiantum trichomanes* L.。

珍名鐵線蕨的追記

我發現因為倉促而漏寫了許多關於石長生應該要寫的部分，所以用追記的方式在這裡補充。關於石長生的名字，我以前寫說是在松岡玄達的《用藥須知》第二卷「首次出現」，不過那是我弄錯，雖然在那本書裡確實有出現這種植物，但那並不是「首次」。

前述這本《用藥須知》出版於享保十一年，現在是昭和九年，所以正確說來是二百零八年前。

在這本《用藥須知》出版的正好十四年前，距今二百二十六年前的正德二年（應該是在正德三年出版吧），負責編纂的寺島良安其著作《倭漢三才圖會》第九十八卷中有出現，從而作者寺島在《本草綱目》中的石長生項目中，寫了它的俗名為カツヘラサウ（加豆閉良草）及ヘネレンサウ（閉禰連牟草），並附加了石長生有別名為丹草及丹沙草；對於草的形狀及性質，作者寫著：

石長生是生於溪澗井石間，狀似蕨，正面為青色，夏季時，背面帶孢子呈茶褐色，故稱虎尾草（筆者言：此處所說的虎尾草是現在所說的貫衆蕨）莖為紫黑色，為折傷及痰咳膈噎之藥。

雖然後來其他學者都將此處的漢名「石長生」視為ハコネグサ，但是寺島良安在這本《倭漢三才圖會》中對於這種植物的描述文字及圖都很不得要領，那個圖看起來可能是指現在的日本蹄蓋蕨，但若是「莖為紫黑色」的話就不對；此外也跟海州骨碎補等不符，所以究竟是指的是哪種蕨類植物，那個部分非常的曖昧模糊。

寺島良安另外還在同書第九十二卷的卷末寫著：「石長生即為箱根

正德二年：西元一七一二年。

カツヘラサウ：katsuherasau。

ヘネレンサウ：henerensau。

貫衆蕨：ヤブソテツ（yabusotetsu），學名為*Cyrtomium fortunei* J.Sm.。

ハコネグサ：hakonegusa，經審定，此亦指石長生。

日本蹄蓋蕨：*Athyrium niponicum* (Mett.) Hance。

海州骨碎補：*Davallia mariesii* T. Moore ex Baker。

草，按箱根草為發現於相州箱根山的小草，苗高六七寸，細莖褐色，葉形似銀杏葉但較小，其根細如絲而短，未知其本名，相傳可治產前產後諸血症及痰飲。

往年阿蘭陀人見之稱為良草，請採之，得而甚以為珍。」

由此可知，良安在前述這本書中的石長生有可能是指ハコネグサ以外的別種植物。

在前文中提到的阿蘭陀人指的是肯普弗先生，而且良安就像前一段所寫的那樣，認為出自這個人的ハコネグサ的カツヘラソウ、ヘネレンソウ是不同的植物，這是非常不一致的。

若是良安把前面的石長生視為ハコネグサ寫下來的話，又同愚蠢的カツヘラソウ（應該要發音成カッペラソウ才對），又名ヘネレンソウ就會是正確的，但良安把它當成是特別的蕨類，因而出現有這種奇怪的結果。在這裡很不可思議的是在小野蘭山的《本草綱目啟蒙》第十六卷的石長生部分，出現的日文名有ハコネグサ、オランダソウ（荷蘭草）、ク

阿蘭陀人：荷蘭人。

譯註：這裡應該是指恩格爾貝特・肯普弗（Engelbert Kämpfer，一六五一－一七一六），德國人，在荷蘭萊頓大學取得醫學博士學位。

ロハギ、ヨメノハハキ、ヨメガハハキ、ヨメガハシ、イシシダ、ホウオウハギ、イチョウシノブ、イチョウグサ等十個，其中沒有カツヘラソウ。但是卻有オランダソウ的名字，和カツヘラソウ有一脈相通的部分，真是很有趣。這種オラングソウ的名字絕對是跟肯普弗有關係的。

不管怎麼說，正如像前面所寫的，在《倭漢三才圖會》上既然有著石長生的名字，在某處一定會有它的前身。這本《倭漢三才圖會》的作者究竟是從哪裡看到這種植物的呢？我認為可能是引用自肯普弗的《海外奇聞》(*Amoenitatum Exoticarum*)，所以查閱ハコネグサ的相關部分：

Fakkona Ksa Adiantum celebre & medicamentorum montis Fakkona, caulibus purpureis nitidimus. Adiantum folio Coriandri；seu, Capillus-Veneris.

不料肯普弗的書其出版年分跟《倭漢三才圖會》正好是同一年，所以我就知道絕對不是引用肯普弗的書。這樣的話，良安老師寫的那個名字到底來自何處呢？事到如今已經沒辦法查到，但總是從誰那裡聽來的吧！

編註：西元一七一二年。

話說回來，比前述《倭漢三才圖會》早二十三年的寬永六年，貝原益軒的《大和本草》出版，在那本書的第九卷中刊載著一種稱為虎尾草的草藥。那裡還附有一張圖，讓我們知道那種虎尾草就是今天所稱的縮羽鐵角蕨。除此之外，還有著生芽鐵角蕨的名字，現在我就把在《大和本草》中關於虎尾草的文字段落抄錄如下。

虎尾　這是一種小草，比箱根蕨更細更軟，和美麗的箱根蕨很相似卻不同。在南蠻的語言中，稱之為カッテイラ或是ヘンネレス。紅夷人會在產後使用和此很像的物種。日本人認為將此和同分量的四物湯混合，在產前產後服用會有效果。此外，將這種草與アメンダウス、冰砂糖這三種等分量混合服用可治膈症，服之甚驗。石長生、虎尾草及上述三種植物雖然很相似但並不同。

在《倭漢三才圖會》出現的是石長生、ヘネレンサウ，《大和本草》中的則是生芽鐵角蕨。另外，雖然在《倭漢三才圖會》中所指的這種草，實際上好像跟《大和本草》中的植物不同，不過這種奇怪的名字原

編註：如第 276 頁所提到的，貝原出生於寬永七年（一六三〇年），此處應該是原書誤植，《大和本草》成書於寶永六年（一七〇九年）。

縮羽鐵角蕨：トラノオシダ（toranooshida），學名為 *Asplenium incisum* Thunb.。

カッテイラ：kattira，即第 299 頁提到的カッテイラ，和ヘンネレス一樣都是生芽鐵角蕨。

紅夷人：在江戶時代對歐美人的蔑稱。

アメンダウス：amendausu，即杏仁。

膈症：日文為かくのやまい，沒辦法進食的疾病。

本在兩書中很類似，換句話說，《大和本草》中的生芽鐵角蕨亦即《倭漢三才圖會》中的カシヘラセウ，而《大和本草》中的ヘンネレス則是《倭漢三才圖會》中的ヘネレンサウ。我認為這應該是原本陌生的西洋名字，以訛傳訛的過程中導致名稱發音逐漸產生變化的緣故；但是最早的發端則是 *capillus-veneris*，在把它寫在書上之前，從荷蘭人還是誰聽到這個名字的發音，漸漸改變之後的結果大概就是上述的那樣。而 *capillus-veneris* 則一分為二，前者的 *capillus*（カピルス）變成カッテイ或是カッヘラソウ，後者的 *veneris*（ヴェネリス）則轉變成ヘンネレス或是ヘネレンソウ。不過「ヘネレンソウ」的ソウ（草），是後來日本人加在原本名字上的。

在前文中我寫了「從荷蘭人還是誰」，不過我想得到的最初埋下種子的人果然還是應該為肯普弗。

肯普弗來我們日本，一六九〇年（即元祿元年）在肥前的長崎登陸。也就是距今二百四十八年前。他在隔年元祿四年第一次到江戶參觀時，於三月十一日越過相州的箱根，並在箱根山看到石長生，認為那是他在歐洲看過的鐵線蕨。在他的名著《日本誌》(The History of Japan)有這樣的段落：

我們為圍繞在四周的群山翠綠、各種不同的高大奇特樹木、各式各樣的植物花卉感到興奮。那些生長在山上的植物，被當地的醫生認為比其他地方同類的植物更佳，而被細心蒐集起來供作藥用。有一種非常美麗的鐵線蕨屬，也就是capillus-veneris，具有特別的價値，它有著紫黑色光澤的莖和葉肋，據說它的優點遠勝於該屬中的其他任何物種。它在這些山中大量生長，由於幾乎無人經過，只有路過的人偶爾摘取自用。它除了箱根草以外沒有其他的名稱，也就是箱根的植物。

看了這個部分應該就能夠知道肯普弗是把石長生當成是鐵線蕨了吧！

衛藤利夫先生翻譯了肯普弗《日本誌》中的一部分，編成《從長崎到江戶》這本書，並於大正四年七月在東京發行出版。關於前面引用的原文，在這本書中是怎麼被翻譯的，我將它抄錄於下。

衛藤利夫：一八八三—一九五三，滿洲文化史研究員、圖書館員。

大正四年：西元一九一四年。

四顧蒼蒼群山環繞，該處有種種高樹奇木、千姿百態的花草植物，令人心曠神怡無止盡。在這些山上生長的草木比在其他地方發現的同種植物具有更大的效力，受到該國的醫生珍重，並精心蒐集保存以供藥用。其中有一種石長生屬的美麗物種，葉柄葉肋均帶有紫黑色的光澤，據說在同屬植物中是藥效最為顯著的。由於在這座山上生長茂密，對於行經這片土地的人來說，或供做己用，或為了家庭，只要經過這裡都會採集它們隨身攜帶。這種植物取其為箱根的植物之義，被簡單地稱為箱根草。

雖然這段翻譯沒有很好，不過大概可以知道他的要點。但是由於在這段譯文中並沒有原文中的種小名 *capillus-veneris*，因此根本無法得知那個生芽鐵角蕨究竟是如何以此為源頭流傳出去的。那只有在閱讀原文時才能夠首次了解。

從上面的敘述我們可以了解生芽鐵角蕨是出自 *capillus-veneris*，爾後成為カッぺラソウ和ヘネレンソウ或是カッぺレソウ、カッぺレヘネレス，然後再轉變成為カッぺレヘンネレス。

這種擁有怪名的植物就如上面所說的，原本是被誤認為鐵線蕨的石長生，在《大和本草》中名字變成縮羽鐵角蕨，在《倭漢三才圖會》中由於不得要領而變成蕨類，在《用藥須知》及其他書中又再成為生芽鐵角蕨。但即使是這樣，將它套用在石長生以外的植物也是錯誤的，這必須稱為石長生才行。

總而言之，肯普弗在最開始時替石長生取名的 *capillus-veneris* 已被改成各種奇怪的名字，脫離了原本石長生這個名字，變成外來的縮羽鐵角蕨或是生芽鐵角蕨，這全都是不請自來強加上去的。

ジャガイモ不是馬鈴薯

世人把ジャガイモ也就是ジャガタライモ稱為馬鈴薯，一點也不加以質疑地就這樣使用，實在是件很滑稽的事情。到底是哪個傢伙在一開始說馬鈴薯是這樣念的啦！哎呀說傢伙還真是抱歉，那是小野蘭山老師，而且是寫在他所著的《耄筵小牘》之中。這本書是為了要慶祝小野老師的八十大壽，他的嗣子（嫡男）、孫子及門徒在舉辦筵席時，由老師撰述而成冊，在距今一百三十年前的文化五年，由小野眾芳軒所發行。

在這本書中的馬鈴薯是這樣寫的：

編註：現今馬鈴薯的日文是ジャガイモ（jagaimo），學名為 *Solanum tuberosum* L.。

ジャガタライモ：jagataraimo。

文化五年：西元一八〇八年。

馬鈴薯（バレイショ）
ジャガタライモ　甲州イモ　尾州
清大夫イモ　信州　伊豆イモ　江州
朝鮮イモ　アカイモ　均同上

松溪縣志曰馬鈴薯葉依樹而生，掘而取之，形有大小，略如鈴子，色黑而圓，味苦甘。

不論是誰，由前面的《松溪縣志》這段文章中都能夠看得出來這絕對不會是指ジャガタライモ，硬要套用是不可行的。無論如何都不可能這樣用，因為ジャガタライモ的葉子根本就不會靠在樹上。此外它們的薯既不是黑色，味道也不苦。這個稱為馬鈴薯的植物，絕對是別種植物。

在中國絕對不會把ジャガタライモ稱為馬鈴薯，而是將它稱為陽芋。還有叫做荷蘭薯，或是山藥頭子等名字。還有，被稱為山藥蛋的也是同一種植物。

假如事實如上的話，今天起就應該停止將ジャガタライモ寫成馬鈴薯了。物換星移，到今天為止一百三十年間都是一路這樣稱呼過來，差不多也該跟它們說再見了吧！在如此長久的歲月中，它已發揮了使無數人相信並鼓吹這件事的威力，現在讓這件事有個了斷，蘭山老師應該也不會覺得遺憾了才對。要是覺得說ジャガタライモ的字太長，很麻煩的話，就像現在已經變成一般人略稱的ジャガイモ就好。完全沒有用錯誤的外國名字馬鈴薯來稱呼它的必要性。

紫藤不是藤

自古以來，我國的學者就一直認為日本的藤（フジ）就是紫藤，直至今日應該也還有許多人都是這樣認為。但是這種紫藤是中國的藤，在日本並沒有分布。紫藤日文名為シナフジ，學名為 *Wisteria sinensis* (Sims) Sweet。我原本認為這種紫藤可能有來到肥前的長崎，前一年到那一帶去找了一陣子，但卻還是沒有找到。它很快就被引進遙遠的西洋，經常在那邊的書籍上出現，但是為什麼卻沒有來到日本這個鄰國呢？

在日本有兩種藤，兩種都跟前面中國的藤是不同物種。其中一種是多

フジ：fuji。

花紫藤（フジ），另一種則是山藤（ヤマフジ），又稱野藤。フジ也就是所謂的多花紫藤（ノダフジ），學名為 *Wisteria floribunda* (Willd.) DC.；山藤的學名則是 *Wistaria brachybotrys* Siebold & Zucc.。這種山藤的白花變種稱為白花山藤（シラフジ），學名為 *Wisteria brachybotrys* Sieb.et Zucc. var. *venusta* Makino，而把它當成是種山藤才是正確的分類法。

由於日本產的兩種藤在中國都沒有，所以沒有中文名，也因此就不應該把日本的フジ寫成漢字紫藤。應該就只是單純地寫平假名フジ及ヤマフジ就好。

日本一般是把藤讀成フジ，但是藤這個字的本質是藤蔓植物的總稱。也因此就經常會在藤字上面加上形容詞，像是扶芳藤或是常春藤、甘藤、消風藤等等，紫藤也只是其中一個例子而已。從這個角度來看的話，與其把藤讀成フジ，還不如讀成カズラ（葛）更真實而恰當呢！

ヤマフジ：yamafuji。

ノダフジ：nadafuji。

シラフジ：shirafuji。

カズラ：kazura。

牧野富太郎略年譜 *1862～1957*

■天九二年（一八六二）一歲

四月二十四日生於土佐國（現在的高知縣）高岡郡佐川村（現在的佐川町）西町組一〇一番屋敷（一〇一號宅第）。父佐平、母久壽，幼名誠太郎。

■慶應元年（一八六五）三歲

父佐平死亡。

■慶應三年（一八六七）五歲

母久壽死亡。

■明治元年（一八六八）六歲

祖父小佐衛門死亡。改名成富太郎。

■明治四年（一八七一）九歲

進入佐川町西谷的土居謙護辦的寺子屋（私塾），後來去佐川町細谷的伊藤蘭林塾學習。從這個時期開始就經常採集、觀察植物。

■明治五年（一八七二）十歲

在藩校名教館學習。

■明治七年（一八七四）十二歲

在佐川町開辦了小學。就讀下等一級，從文部省編的博物圖學到相當多的事情。

■明治八年（一八七五）十三歲

這一年從小學退學。

■明治十二年（一八七九）十七歲

成為佐川小學校的授業生（在那裡授課）。月薪三日圓。

■明治十三年（一八八〇）十八歲

從佐川小學校授業生離職，到高知市弘田正郎的五松學舍學習。認識永沼小一郎，和他一起學習植物學。由於霍亂大流行而返回佐川町。

■明治十四年（一八八一）十九歲

四月，為了購買顯微鏡及參考書而到東京，順便去在東京舉辦的「第二屆全國勸業博覽會」。在文部省博物局拜會田中芳男、小野職愨兩人，受到知遇之恩。

五月，至日光採集。六月，至箱根、伊吹山等採集之後返鄉。

■明治十七年（一八八四）二十二歲

七月，第二次到東京。開始到理科大學（現在的東京大學理學部）植物學教室（植物學系）出入，認識矢田部良吉教授吉松村任三助手。懷抱著編纂《日本植物誌》的志向。

■明治十九年（一八八六）二十四歲

從這一年起至明治二十三年為止，經常往返於東京及故鄉佐川町之間。捐贈風琴給佐川小學，教有興趣的人彈奏法。到高知縣內及四國的各地採集。

■明治二十年（一八八七）二十五歲

二月十五日和市川延次郎、染谷德五郎一起創刊《植物學雜誌》。五月，祖母浪子過世。到石版印刷店太田義二的工廠學習石版印刷技術。

■明治二十一年（一八八八）二十六歲

十一月十二日，《日本植物誌圖篇》第一卷第一集出版。

■明治二十二年（一八八九）二十七歲
一月，於《植物學雜誌》第三卷二十三號，在日本首次幫日本纖花草（*Theligonum japonica* Okubo et Makino）命了學名。

■明治二十三年（一八九〇）二十八歲
五月十一日，在東京府下小岩村發現囊泡貉藻。和小澤壽衛子結婚。被矢田部教授禁止進出教室，打算投奔俄羅斯。

■明治二十四年（一八九一）二十九歲
二月十六日，馬克西莫維奇過世，前往俄羅斯的夢想破碎，在駒場農學科的房間裡專心研究。五月，《日本植物誌圖篇》第九集出版。十二月，為了整理老家的家財道具、財產而返鄉。

■明治二十五年（一八九二）三十歲
到家鄉的橫倉山、石鎚山等地採集。九月，至高知縣西南部（幡多郡）採集。在高知市擔任「高知」西洋音樂會主宰。

■明治二十六年（一八九三）三十一歲
一月，長女在東京死亡。至東京。成為東京帝國大學理科大學助手。月薪十五日圓。十月，至岩手縣須川岳採集植物。

■明治二十九年（一八九六）三十四歲
十月，到臺灣出差採集植物。花了一個月在臺北、新竹附近採集。和老朋友小藤文次郎博士重逢。十二月，從臺灣返國。

■明治三十二年（一八九九）三十七歲
《新撰日本植物圖說》刊行。

■明治三十三年（一九〇〇）三十八歲

二月，《日本植物誌》第一集發行。

■明治三十四年（一九〇一）三十九歲

二月，《日本禾本莎草植物圖譜》第一卷第一號出版（敬業社）。五月，《日本羊齒植物圖譜》第一卷第一號出版（敬業社）。

■明治三十五年（一九〇二）四十歲

在東京買了染井吉野櫻的樹苗，移植到家鄉佐川。

■明治三十九年（一九〇六）四十四歲

八月，和三好學博士一起刊行《日本高山植物圖譜》上卷（成美堂）。

■明治四十年（一九〇七）四十五歲

八月，至九州阿蘇山採集。十二月，《植物圖鑑》出版（北隆館）。

■明治四十一年（一九〇八）四十六歲

一月，和三好學博士一起，刊行《日本高山植物圖譜》下卷（成美堂）。

■明治四十三年（一九一〇）四十八歲

八月，至愛知縣伊良湖崎採集，回程在名古屋的旅館咯血。

■明治四十五年（一九一二）五十歲

一月，成為東京帝國大學理學部講師。

■大正二年（一九一三）五十一歲

四月，返回佐川町的家鄉。出版《植物採集及標本調整》（岩波書店）。《植物學講義》第三卷出版（中興館）。《增訂草本圖說》第四卷完成（成美堂）。

■大正五年（一九一六）五十四歲

多虧池長孟的好意才脫離經濟危機。在神戶成立池長植物研究所，收藏標本約三十萬件。四月，《植物研究雜誌》創刊。八月，至岡山縣新見町附近採集。

━大正八年（一九一九）五十七歲

捐贈北海道產大山櫻樹苗一百株給上野公園。六月，不再擔任《植物研究雜誌》主筆。八月，出版《雜草的研究及其利用》（與入江彌太郎共著）（白水社）。

━大正九年（一九二〇）五十八歲

七月，至極也山採集。

━大正十一年（一九二二）六十歲

七月，在日光指導成蹊高等女校師生採集植物，認識校長中村春二，得到各方面的支援。十二月，受委託辦理內政省營養研究所的事務（行政工作）。

━大正十二年（一九二三）六十一歲

三月，應要求辭去營養研究所工作。八月，出版《植物的採集及標本的製作整理》（中興館）。九月，遭遇關東大震災。

━大正十四年（一九二五）六十三歲

九月十日，和根本莞爾一起發行《日本植物總覽》初版。

━大正十五年（一九二六）六十四歲

十月，在廣島文理科大學講課。十一月，到大分縣因尾村井的內谷調查梅的自生地（天然分布地）。十二月，在東京府北豐島郡大泉町上土支田五五七的新居蓋好，遷入。

━昭和二年（一九二七）六十五歲

四月十六日，被授予理學博士的學位。八月，到秋田縣宮川村附近採集。九月，對岩手縣盛岡市小學老師講授植物學。到青森縣採集。十二月，在札幌舉行的馬克西莫維奇百年誕辰紀念儀式上發表演講。回程中在仙台發現、採集壽衛子竹。

■昭和三年（一九二八）六十六歲

二月二十三日，夫人壽衛子逝，享年五十五歲。三月，《科屬檢索日本植物誌》（與田中貢一共著）（大日本圖書）出版。從七月起至栃木、新潟、兵庫、岩手等十一縣進行採集旅行，十一月返回東京。

■昭和四年（一九二九）六十七歲

九月，至早池峰登山採集。

■昭和五年（一九三〇）六十八歲

八月，至鳥海山登山採集。

■昭和六年（一九三一）六十九歲

四月，在東京遭遇車禍，受傷住院。六月，在奈良縣寶生寺附近採集。

■昭和七年（一九三二）七十歲

七月，至富士山登山採集。八月，到九州英彥山採集。十月，《原色野外植物圖鑑》第一卷發行（誠文堂）。

■昭和八年（一九三三）七十一歲

十月，《原色野外植物圖鑑》（全四卷）完成（誠文堂）。

■昭和九年（一九三四）七十二歲

七月，到奈良縣採集。八月，在高知縣指導植物採集會，到高知縣附近、橫倉山、室戶岬、土佐山村、白髮山、魚梁瀨山等地採集。

■昭和十年（一九三五）七十三歲

三月五日，東京放送局開始播放「日本的植物」。五月，到伊吹山進行採集旅行。六月，發行《興趣的植物採集》（三省堂）發到山梨縣西湖附近採集。八月，至岡山縣進行採集旅行。十月，在東京府千歲烏山附近指導採集會。

■昭和十一年（一九三六）七十四歲

四月，回到高知縣老家，與老友在家鄉賞花，出席在高知會館舉行的歡迎宴、以「關於櫻花」為題演講。四月，在高知市高見山附近指導高知博物學會的採集會。七月，《隨筆草木誌》（南光社）出版。十月，受邀參加在東京會館舉辦的「慰勞不遇的老學者會」。《牧野植物學全集》全六卷及附錄一卷完成。

■昭和十二年（一九三七）七十五歲

一月二十五日，獲頒朝日文化獎。

■昭和十三年（一九三八）七十六歲

六月，舉辦喜壽（七十七歲，喜的草寫很像七十七）紀念會獲贈紀念品。《興趣的草木誌》（啟文社）發行。

■昭和十四年（一九三九）七十七歲

五月二十五日，在連續任職四十七年後，東京帝國大學理學部講師卸任。

■昭和十五年（一九四〇）七十八歲

七月，訪問寶塚熱帶植物園。八月，到九州各地採集。發行《雜草三百種》（厚生閣）。九月，從豐前犬岳的懸崖墜落，受重傷於別府靜養，十二月三十一日返回東京。九月，《牧野日本植物圖鑑》（北隆館）發行。

■昭和十六年（一九四一）七十九歲

五月，為了至滿州國調查サクラ，由神戶出海，採集了大約五千件標本，於六月回國。六月，獲民間研究機構國民學術協會表彰。十一月，由於安達潮花的捐贈而蓋了「牧野植物標本館」。放在池長研究所的三十萬件標本在第二十五年時回歸。十二月八日，大東亞戰爭爆發。

■昭和十八年（一九四三）八一歲

八月，《植物記》（櫻井書店）出版。

■昭和十九年（一九四四）八十二歲

四月，《續植物記》（櫻井書店）出版。

■昭和二十年（一九四五）八十三歲

牧野標本館有一部分受到敵機炸彈的近距離轟炸而摧毀。五月，疏散到山梨縣巨摩郡穗坂村避難。八月十五日，大東亞戰爭結束。十月，返回東京。

■昭和二十一年（一九四六）八十四歲

五月，《牧野植物混混錄》（鎌倉書房）第一號發行（十號後為北隆館發行）。

■昭和二十二年（一九四七）八十五歲

六月，《牧野植物隨筆》（鎌倉書房）出版。

■昭和二十三年（一九四八）八十六歲

七月，《興趣的植物誌》（狀文社）出版。《續牧野植物隨筆》（鎌倉書房）出版。十月，至皇居晉謁天皇，為天皇解說植物知識。

■昭和二十四年（一九四九）八十七歲

四月，《日本植物圖鑑》學生版（北隆館）出版。發行《植物研究雜誌》第二十四卷（牧野老師米壽祝賀紀念號）。六月，因卡他性炎症（catarrhal inflammation）病危，但奇蹟式的康復。《植物學雜誌》把第六十二卷七二九～七三〇號作為牧野博士米壽紀念號，刊登會長小倉謙博士的賀詞。

■昭和二十五年（一九五〇）八十八歲

五月，《圖說普通植物檢索表》（千代田出版社）出版。十月，被推薦為日本學士院會員。

■昭和二十六年（一九五一）八十九歲

一月，在文部省設置「牧野富太郎博士」植物標本保存委員會。七月，朝比奈泰彥博士擔任委員長，並開始整理標本。七月，以第一屆文化功勞者受贈文化年金五十萬日圓。

■昭和二十七年（一九五二）九十歲

在故鄉高知縣佐川町舊宅原址建造「牧野富太郎博士誕生地」的紀念碑。

■昭和二十八年（一九五三）九十一歲

一月，出版《原色少年植物圖鑑》（北隆館）出版。一月，罹患老人慢性支氣管炎，雖然病重但康復。七月，《植物學名辭典》（和清水藤太郎共著）（和田書店）出版。十月，被選為東京都名譽都民。十月，山本和夫著《牧野富太郎 植物界的至寶》（白楊社）出版。

■昭和二十九年（一九五四）九十二歲

五月，《學生版原色植物圖鑑》（野外植物篇）（北隆館）出版。十二月，《學生版原色植物圖鑑》（園藝植物篇）（北隆館）出版。十二月，感冒引發肺炎而臥床靜養。

■昭和三十年（一九五五）九十三歲

四月，從前一年底便一直臥床迎接九十三歲的生日。在病床中趕著完成原色植物圖譜。四月，中村浩著《牧野富太郎》（金子書房）出版。十一月，上村登著《牧野富太郎傳》（六月社）出版。

■昭和三十一年（一九五六）九十四歲

《牧野植物一家言》（北隆館）出版。

七月七日，雖然病危但是奇蹟似的康復。

九月，以東京都開都五百周年紀念活動之一，準備成立牧野標本紀念館。

十月十三日，由於急性腎臟炎導致病情再度惡化。十一月，《和草木一起》（David Production）出版。十二月，《牧野富太郎自敘傳》（長島書房）出版。成為高知縣佐川町的名譽町民。

■昭和三十二年（一九五七）九十四歲

在幾乎不進食的狀況下以驚人的強大生命力在病危狀態下迎接新年。一月十八日凌晨三點四十三分去世。十一月，獲頒文化勳章。

生物名詞與學名對照表

中文名	日文名	英文名	學名或屬名
一～五畫			
三井寺步行蟲、放屁蟲	ヘッピリムシ、ミイデラゴミムシ	Asian bombardier beetle	*Pheropsophus jessoensis* Morawitz
三尖杉屬	イヌガヤ屬	Plum yew	*Cephalotaxus*
三葉木通	ミツバアケビ		*Akebia trifoliate* (Thunb.) Koidz.
千島栂櫻屬	ひめつがざくら屬	Red heather	*Bryanthus*
大山櫻	オオヤマザクラ	Sargent's cherry	*Prunus sargentii* Rehder
大果山胡椒	アブラチャン	February spicebush	*Lindera praecox* (Siebold & Zucc.) Blume
小米椎（圓椎與長果椎雜交種）	小米ジイ	Japanese chinquapin	*Castanopsis cuspidata* (Thunb.) Schottky
小杜鵑蘭、長葉杜鵑蘭	ヒメトケンラン	Hime token-ran	*Tainia laxiflora* Makino

小果側金盞花	アドニス・ミクロカルパ	Small-fruit pheasant's eye	*Adonis microcarpa* DC.
小側金盞花	アドニス・パルビフロラ	Small-flowered Pheasant's eye	*Adonis aestivalis* subsp. *parviflora* (Fisch. ex DC.) N.Busch
小葉桑、小桑樹	ヤマグワ	Chinese mulberry	*Morus australis* Poir.
山月桂屬	ミネズオウ	Mountain laurel	*Loiseleuria*
山藤、野藤	ヤマフジ	Silky wisteria	*Wistaria brachybotrys* Siebold & Zucc.
山櫻花、寒緋櫻	カンヒザクラ	Taiwan cherry	*Prunus campanulata* Maxim.
中國櫻桃	シナノミザクラ、シナミザクラ	Cambridge cherry	*Prunus pseudocerasus* Lindl.
五味子	チョウセンゴミシ	Magnolia-vine	*Schisandra chinensis* (Turcz.) Baill.
反捲根節蘭	ナツエビネ	Hairy calanthe	*Calanthe reflexa* Maxim.
天牛科	カミキリムシ	Longicorn; Long-horned beetle	*Cerambycidae*
孔雀菊	クリサンテムム・セゲツム	Corn marigold	*Chrysanthemum segetum* L.

巴勒斯坦側金盞花	アドニス・パレスチナ	Palestine pheasant's eye	*Adonis palaestina* Boiss.
戶隱草	トガクシショウマ、ヤタベア・ジャポニカ	Togakushisou	*Ranzania japonica* (T. Itô ex Maxim.) T. Itô
日本八角蓮（戶隱草）	ポドフィルム・ジャポニクム		*Podophyllum japonica* T.Ito ex Maxim.
日本山茶	ツバキ	Japanese camellia	*Camellia japonica* L.
日本山櫻	ヤマザクラ	Hill cherry	*Cerasus jamasakura Siebold ex Koidz.)* H.Ohba
日本石竹、濱瞿麥	フジナデシコ	seashore pink	*Dianthus japonicus* Thunb.
日本禿馬勃	キツネノヘダマ		*Calvatia nipponica* Kawam. ex Kasuya & Katum.
日本赤松	アカマツ	Japanese red pine	*Pinus densiflora* Siebold & Zucc.
日本厚朴	ホホノキ	Japanese bigleaf magnolia	*Magnolia obovata* Thunb.
日本扁柏	ヒノキ	Hinoki cypress	*Chamaecyparis obtusa* (Siebold & Zucc.) Endl.
日本柃木	ヒサカキ	Japanese eurya	*Eurya japonica* Thunb.

日本柳杉	スギ	Japanese cedar	*Cryptomeria japonica* (Thunb. ex L.f.) D.Don
日本根節蘭	リュウキュウエビネ、クワラン	Ryukyu ebine	*Calanthe japonica* Blume ex Miq.
日本榧樹	カヤ	Japanese nutmeg-yew	*Torreya nucifera (L.)* Siebold & Zucc.
日本榿木	ハンノキ	Japanese alder	*Alnus japonica* (Thunb.) Steud.
日本鳶尾、蝴蝶花	シャガ	Fringed iris	*Iris japonica* Thunb.
日本蹄蓋蕨	イヌワラビ	Japanese painted fern	*Athyrium niponicum* (Mett.) Hance
日本薯蕷	ヤマノイモ	East Asian mountain yam	*Dioscorea japonica* Thunb.
日本櫻草	サクラソウ	Cherry blossom primrose	*Primula sieboldii* E. Morren
日本櫻樺	ミズメ、アズサ、ヨグソミネバリ	Japanese cherry birch	*Betula grossa* Siebold & Zucc.
日本纖花草	ヤマトグサ	Yamatogusa	*Theligonum japonica* Okubo et Makino
木通、五葉木通	ケビカズラ		*Akebia quinata* (Thunb. ex Houtt.) *Decne.*

木犀科	モクセイ科	Olive family	*Oleaceae*
毛茛科	ウマノアシガタ科	Buttercup family	*Ranunculaceae*
毛穗藜蘆	シュロソウ	Hemp-palm weed	*Veratrum maackii* var. *japonicum* (Baker) T.Shimizu
毛櫻桃	ユスラウメ	Nanjing cherry	*Prunus tomentosa* Thunb.
水仙	スイセン	Paperwhite	*Narcissus tazetta* L. subsp. *chinensis* (M.Roem.) Masam. & Yanagih.
水仙屬	スイセンぞく	Daffodil	*Narcissus*
水胡桃	サワグルミ	Japanese wingnut	*Pterocarya rhoifolia* Siebold & Zucc.
水菖蒲	ショウブ	Sweet flag	*Acorus calamus* L.
水萍、浮萍	ウキクサ	Common duckweed	*Spirodela polyrhiza* (L.) Schleid.
火紅側金盞花	アドニス・フランメア	Flame adonis	*Adonis flammea* Jacq.
北美栂櫻		Pink mountain-heath	*Phyllodoce empetriformis* (Sm.) D.Don
北美紅橡	アカガシワ	Northern red oak	*Quercus rubra* L.

北側金盞花	アドニス・シビリカ	Siberian pheasant's eye	*Adonis sibirica* (Patrin ex DC.) Ledeb.
北側金盞花	韃靼ふくじゅそう		*Adonis apennina* L. var. *dahurica Ledeb.*
四季豆	インゲンマメ	Green bean	*Phaseolus vulgaris* L.
甘菊	オオアブラギク		*Dendranthema boreale* (Makino) Ling ex Kitam.
生芽鐵角蕨	ヌリトラノオ、ヘンネレス、カツテイラ	Rainforest spleenwort	*Asplenium normale* Don.
白芨、紫蘭	シラン	Chinese ground orchid	*Bletilla striata* (Thunb.) Rchb.f.
白花八角	シキミ	Star anise	*Illicium anisatum* L.
白花型	白花のもの		*forma albiflorus* Makino
白樺屬	シラカンバ屬	Birch	*Betula*
白頭翁屬	オキナグサ属	Pasque flower	*Pulsatilla*
白藤、白花山藤	シロバナヤマフジ、シラフジ	Silky wisteria	*Wisteria brachybotrys* Sieb.et Zucc. var. *venusta* Makino
石長生、單蓋鐵線蕨、箱根蕨	カッペレソウ、ハコネグサ	Hakone northern maidenhair fern	*Adiantum monochlamys* D.C.Eaton

六～九畫			
交讓木	ユズリハ	False daphne	*Daphniphyllum macropodum* Miq.
伊吹大根	イブキダイコン，伊吹大根	Japanese radish	*Raphanus sativus* L.
伊吹菫菜	イブキスミレ		*Viola mirabilis* L. var. *subglabra* Ledeb.
伏爾加側金盞花	アドニス・オルゲンシス		*Adonis volgensis* Steven ex DC.
合肋菊	クリサンテムム・フロスクロスム		*Chrysanthemum flosculosum* L.
名護蘭、蕶脊蘭	ナゴラン	Japan Phalaenopsis	*Phalaenopsis japonica* (Rchb.f.) Kocyan & Schuit.
地膚	ハハキギ	Burning bush	*Bassia scoparia* (L.) A.J.Scott
地錦	ツタ	Boston ivy	*Parthenocissus tricuspidata* (Sieb. & Zucc.) Planch.
多孔菌科	サルノコシカケ	Poroid fungi	*Polyporaceae*
多花紫藤	ノダフジ	Japanese wisteria	*Wisteria floribunda* (Willd.) DC.
朴樹	エノキ	Chinese hackberry	*Celtis sinensis* Pers.

竹簇葉病	タケのてんぐ巣病菌	Witches' broom	*Aciculosporium take* Miyake
羽鈴花屬	カラフトソウ屬	Featherbells	*Stenanthium*
西伯索普側金盞花	アドニス・シブトルピー	Sibthorp's pheasant's eye	*Adonis sibthorpii* Boiss., Orph. & Heldr.
希臘側金盞花	アドニス・シレネア	Kyllenian Adonis	*Adonis cyllenea* Boiss., Heldr. & Orph.
庇里牛斯金盞花	アドニス・ピレナイカ	Pyrenean pheasant's eye	*Adonis pyrenaica* DC.
杉木	コウヨウザン	China fir	*Cunninghamia lanceolata* (Lamb.) Hook.
杜英、杜鶯、膽八樹	ズクノキ、ハボソ、ホルトノキ	Woodland elaeocarpus	*Elaeocarpus sylvestris* (Lour.) Poir.
杜鵑花科、石楠科	シャクナン科	Heath family	*Ericaceae*
杜鵑花屬	ツツジ類	Rhododendrons	*Rhododendron*
芒	ススキ	Chinese silver grass	*Miscanthus sinensis* Anders.

豆蘭屬	ムギラン	Bulbophyllum orchids	*Bulbophyllum*
亞平寧側金盞花	アドニス・アペンニナ	Pyrenean pheasant's eye	*Adonis apennina* L.
亞美尼亞側金盞花	アドニス・エリオカリシナ	Armenian pheasant's-eye	*Adonis eriocalycina* Boiss.
刺沙蓬、風滾草	コロビグサ	Tumbleweed	*Salsola tragus* L.
卷柏、萬年松	イワヒバ	Little-club-moss	*Selaginella tamariscina* (P.Beauv.) Spring
岩高蘭	ガンコウラン	Korean crowberry	*Empetrum nigrum* L. var. *japonicum* Siebold & Zucc. ex K.Koch
彼岸櫻	ヒガンザクラ	Higan cherry	*Prunus* × *subhirtella* Miq.
抱樹蕨、伏石蕨	マメヅタ	Japenese beard fern	*Lemmaphyllum microphyllum* C.Presl
東爪草	アズマツメクサ	Water pygmyweed	*Tillaea aquatica* L.
松毛翠、蝦夷栂櫻	エゾノツガザクラ	Blue mountain heath	*Phyllodoce caerulea* (L.) Bab.
油菜	アブラナ	Field mustard	*Brassica rapa* L. subsp. *oleifera* (DC.) Metzg.

油橄欖	オリーブ	Common olive	*Olea europaea* L.
芥菜、刈菜	カラシナ	Chinese mustard	*Brassica juncea* (L.) Czern.
芥菜、葉芥菜	タカナ	Brown mustard	*Brassica juncea* (L.) Czern.*Brassica juncea* var. *integrifolia*
花菖蒲、玉蟬花	ハナショウブ	Japanese iris	*Iris ensata* Thunb.
金星蘭	キンセイラン		*Calanthe discolor* Lindl. var. *viridialba* Maxim.
金黃側金盞花	アドニス・クリソシアツス	Yellow Himalayan oxeye daisy	*Adonis chrysocyathus* J. D. Hooker & Thomson
金縷梅科	マンサク科	Witch-hazel family	*Hamamelidaceae*
長距根節蘭	キソエビネ		*Calanthe textori* Miq.
阿留申栂櫻	アオノツガザクラ	Aleutian mountain heath	*Phyllodoce aleutica* (Spreng.) A.Heller
阿富汗側金盞花	アドニス・スクロビクラタ		*Adonis scrobiculata* Boiss.
青柳草	アオヤギソウ		*Veratrum maackii* Regel var. *parviflorum* (Maxim. ex q.) H.Hara
青萍	アオウキクサ		*Lemna aequinoctialis* Welw.

青籬竹屬	ササ、笹	Cane	*Arundinaria*
南五味子、實葛	サネカズラ	Kadsura vine	*Kadsura japonica* (L.) Dunal
姬韮、單花韮	ヒメニラ	Korean wild chive	*Allium monanthum* Maxim.
扁豆、鵲豆	フジマメ、フヂマメ	Lablab bean	*Lablab purpureus* (L.) Sweet
春側金盞花	アドニス・ヴェルナリス	Spring pheasant's eye	*Adonis vernalis* L.
染井吉野櫻	ソメイヨシノ	Yoshino cherry	*Prunus* × *yedoensis* Matsum.
柘樹	ハリグワ	Cudrang	*Maclura tricuspidata* Carrière
栂櫻	ツガザクラ		*Phyllodoce nipponica* Makino
栂櫻屬、松毛翠屬	ツガザクラ属		*Phyllodoce*
毒茄蔘	マンドレーク、マンドラゴラ	Mandrake、	*Mandragora officinarum* L.
洋金花	チョウセンアサガオ、キチガイナスビ	Devil's trumpet	*Datura metel* L.
看麥娘屬	スズメノテッポウ属、看麦娘属	Foxtail grass	*Alopecurus*

秋側金盞花	アドニス・オータムナリス	Autumn pheasant's-eye	*Adonis autumnalis* L.(*Adonis annua* L.)
紅花石蒜、石蒜	ヒガンバナ	Red spider lily	*Lycoris radiata* (L'Hér.) Herb.
美國鵝掌楸	チューリップツリー、ハンテンボク、ユリノキ	Tulip tree	*Liriodendron tulipifera* L.
胡枝子屬	ハギ、萩	Bush clovers	*Lespedeza*
胡桃科	クルミ科	Walnut family	*Juglandaceae*
胡頹子屬	グミ	Silverberry	*Elaeagnus*
苦楝	オウチ，センダン	Chinaberry tree	*Melia azedarach* L.
茅膏菜科	イシモチソウ科	Sundew family	*Droseraceae*
風蘭	フウラン	Wind orchid	*Vanda falcata* (Thunb.) Beer
飛蓬屬	ムカシヨモギ	Fleabanes	*Erigeron*
香菇、椎茸	ナバ	Shiitake	*Lentinula edodes* (Berk.) Pegler
香橙	ユズ	Citrus junos	*Citrus junos* Siebold ex Tanaka
十～十二畫			
俯垂臭草	コメガヤ	Mountain melick	*Melica nutans* L.

唐白菜、唐菜	トウナ	Common turnip	*Brassica campestris* L. var. *toona* Makino
夏側金盞花	アドニス・エスチバリス	Summer pheasant's-eye	*Adonis aestivalis* L.
夏側金盞花	アドニス・マクラタ	Summer pheasant's-eye	*Adonis maculata* Wallr.
庫頁島羽鈴花	ステナンチゥム・サカリネンセカラフトソウ	Sakhalin featherbell	*Stenanthium sachalinense* F.Schmidt
栓皮櫟	アベマキ	Oriental oak	*Quercus variabilis* Blume
栗屬	クリ属	Chestnut	*Castanea*
栲屬	シイ		*Castanopsis*
根節蘭屬	カンラン属	Calanthe	*Calanthe*
海州骨碎補	シノブ	Squirrel's foot fern	*Davallia mariesii* T. Moore ex Baker
海州常山	クサギ	Harlequin glorybower	*Clerodendrum trichotomum* Thunb.
海榴花	ワビスケ	Wabisuke camellia	*Camellia wabisuke* (Makino) Kitamura

真菌	クサビラ	Mushroom	*Fungi*
臭椿	ニワウルシ	Tree of heaven	*Ailanthus altissima* (Mill.) Swingle
茭白筍	マコモ、真菰、カツミ	Manchurian wild rice	*Zizania latifolia* (Griseb.) Hance ex F.Muell.
茼蒿、春菊	シュンギク	Garland chrysanthemum	*Chrysanthemum coronarium* L.
馬鈴薯	ジャガイモ	Potato	*Solanum tuberosum* L.
鬼瘤（馬勃）	オニフスベ	Japanese puffball mushrooms	*Calvatia nipponica* Kawam. ex Kasuya & Katum.
側金盞花	アドニス・アムレンシス、イチゲフクジュソウ、アドニス・タビジー	Amur adonis	*Adonis amurensis* Regel & Radde
側金盞花屬	ふくじゅそう属	Pheasant's-eye	*Adonis*
側金盞花變種	エダウチフクジュソウ	Far east amur adonis	*Adonis amurensis* Reg. et Radde var. *ramosa* Franch. Makino
敘利亞側金盞花	アドニス・アレッピカ	Aleppo adonis	*Adonis aleppica* Boiss.
	アドニス・フルゲンス		*Adonis fulgens* Hochst.
梓樹	カワラヒサギ	Chinese catalpa	*Catalpa ovata* G.Don
	キササゲ	Yellow catalpa	

梅蕙草、尖被藜蘆	ばいけいそう	White false hellebore	*Veratrum oxysepalum* Turcz.
淡緣蝙蛾	コウモリガ	Swift moth	*Endoclita excrescens* (Butler, 1877)
甜茅	ムツオレクサ	Japanese creeping mannagrass	*Glyceria acutiflora* Torr. subsp. *japonica* (Steud.) T.Koyama & Kawano
異匙葉藻、眼子菜	ヒルムシロ	Pondweed	*Potamogeton distinctus* A.Benn.
異葉木犀	ヒイラギ	False holly	*Osmanthus heterophyllus* (G.Don) P.S.Green
荸薺	オオクログワイ	Chinese water chestnut	*Eleocharis dulcis* (Burm.f.) Trin. ex Hensch.
茼麻	イチビ		*Abutilon theophrasti* Medicus
貫眾蕨	ヤブソテツ	Holly fern	*Cyrtomium fortunei* J.Sm.
野桐、野梧桐	アカメガシワ、イチビ	Food wrapper plant	*Mallotus japonicus* (L.f.) Müll. Arg.
野菊、油菊	アブラギク	Indian chrysanthemum	*Chrysanthemum indicum* L.
野路菊	ノジギク	Japanese chrysanthemum	*Chrysanthemum japonense* Nakai

野漆	ハゼノキ、ハジノキ	Wax tree	*Toxicodendron succedaneum* (L.) Kuntze
野蘿蔔	セイヨウノダイコン	Wild radish, Jointed charlock	*Raphanus raphanistrum* L.
雪妝鐵線蓮	ユキオコシ	Yukiokoshi	*Clematis patens* C.Morren et Decne. 'Yukiokoshi'
魚鱗蛤屬（三疊紀化石）	ダオネラ・サカワナ		*Daonella sakawana* Mojsisovics
鹿尾菜、羊棲菜	ヒジキ	Hijiki	*Sargassum fusiforme* (Harvey) Setchell
鹿茸草、篝火草	カガリビソウ		*Monochasma sheareri* (S. Moore) Maxim. ex Franch. & Sav.
麥蘭	ムギラン	Inconspicuous bulbophyllum	*Bulbophyllum inconspicuum* Maxim.
黑慈姑	クログワイ	Kuro-guwai	*Eleocharis kuroguwai* Ohwi
寒菊	カンギク	Kangiku	*Chrysanthemum indicum* L. var. *hibernum* Makino
寒蘭	かんらん	Cold growing cymbidium	*Cymbidium kanran* Makino
斑豆	ウズラマメ	Pint bean	*Phaseolus vulgaris* L. Pinto Group

朝鮮白頭翁	オキナグサ		*Anemone cernua* (Thunb.) Bercht. et C.Presl
棋盤花	リシリソウ	Rishiri Island weed	*Zygadenus japonicus* Makino
棋盤花屬	リシリソウ属		*Zigadenus*
番薯、薩摩芋地瓜	サツマイモ	Sweet Potato	*Ipomoea batatas* (L.) Lam.
短柱側金盞花	アドニス・タビジー		*Adonis davidii* Franch.
紫花地丁、貝克堇菜	スミレ	Northeastern violet	*Viola mandshurica* W. Becker
紫花型	淡紫花のもの		*forma purpurascens* Makino
紫萍	ヒメうきくさ、姫浮草		*Spirodela punctata* (G.Mey.) C.H.Thomps.
紫葳科	ノウゼンカズラ科	Bignonias	*Bignoniaceae*
紫藤	シナフジ	Chinese wisteria	*Wisteria sinensis* (Sims) Sweet
絞股藍	アマヅラ	Jiaogulan	*Gynostemma pentaphyllum* (Thunb.) Makino
腎蕨	タマシダ	Fishbone fern	*Nephrolepis cordifolia* (L.) C.Presl
菊花	キク	Florist's daisy	*Chrysanthemum sinense* Sabine

菰黑粉菌、茭白黑粉菌	ウスチラゴ エスクレンタ		*Ustilago esculenta* Henning
菵草、菵米	カズノコグサ、数の子草、ミノゴメ	American sloughgrass	*Beckmannia syzigachne* (Steud.) Fernald
黃根節蘭、黃海老根	キエビネ	Siebold's hardy orchid	*Calanthe striata* R.Br. var. *sieboldii* (Decne. ex Regel) Maxim.
黃櫨	カスミノキ	Smoke tree	*Cotinus coggygria* Scop.
黃鶴頂蘭	ガンゼキラン	Yellow flowered phaius	*Phaius flavus* (Blume) Lindl.
黑松、日本黑松	クロマツ	Japanese black pine	*Pinus thunbergii* Parl.
黑櫟	シラガシ	Bamboo leaf oak	*Quercus myrsinaefolia* Bl.
黑蘿蔔	黑ダイコン	Black radish	*Raphanus sativus* L.var. *niger* (Mill.) J.Kern.
十三畫以上			
圓椎（小椎）	ツブラジイ、コジイ、小米ジイ	Japanese chinquapin	*Castanopsis cuspidata* (Thunb.) Schottky
圓葉石豆蘭	マメラン	Mamedzuta-ran	*Bulbophyllum drymoglossum* Maxim.
楓楊	シナサワグルミ	Chinese wingnut	*Pterocarya stenoptera* C. DC.

楓樹	モミジ	Maples	*Acer*
楓屬、槭屬	カエデ		
楸樹、金絲楸	トウキササゲ	Chinese catalpa	*Catalpa bungei* C.A. Meyer
溪蓀	アヤメ	Blood-red iris	*Iris sanguinea* Donn ex Hornem.
義大利側金盞花	アドニス・ジストルタ		*Adonis distorta* Ten.
萱草屬	ワスレグサ	Day lily	*Hemerocallis fulva* (L.) L.
蜀側金盞花	アドニス・スチエンシス		*Adonis sutchuenensis* Franch.
蜂斗菜	フキ	Japanese butterbur	*Petasites japonicus* (Siebold & Zucc.) Maxim.
壽衛子竹	ササ・スエコヤナ、スエコザサ	Japanese bamboo suekozasa	*Sasa suwekoana* Makino、*Sasaella ramosa* (Makino) Makino（目前使用的學名）
維吉尼亞銀蓮花	アドニス・リパリア	Tall thimbleweed	*Adonis riparia* Raf.
翠菊、薩摩菊	サツマギク	China aster	*Callistephus chinensis* (L.) Nees
臺灣楓香	フウ	Formosa sweet gum	*Liquidambar formosana* Hance
銀杏	イチョウ	Ginkgo	*Ginkgo biloba* L.

銀蓮花屬	オキナグサ屬	Windflowers	*Anemone*
鳶尾屬	イリス屬	Iris	*Iris*
槲樹	カシワ	Japanese emperor oak	*Quercus dentata* Thunb.
樟樹	クスノキ	Camphor tree	*Cinnamomum camphora* (L.) J.Presl
歐石楠屬	エリカ類	Heath	*Erica*
歐芹	パセリ，旱芹菜・旱芹	Parsley	*Petroselinum crispum* (Mill.) Nyman ex A.W. Hill
歐洲甜櫻桃、プルヌス・アビューム	セイヨウミザクラ/ヨウシュオウトウ	Wild cherry	*Prunus avium* (L.) L.
歐洲酸櫻桃	スミミザクラ	プルヌス・セラスス	*Prunus cerasus* L.
潮菊	シオギク	Sea daisy	*Chrysanthemum shiwogiku* Kitam.
蓬	ヨモギ	Artemisia princeps Pamp.	*Artemisia indica* Willd. var. *maximowiczii* (Nakai) H.Hara
蝦脊蘭	エビネ	Ebine	*Calanthe discolor* Lindl.
齒葉側金盞花	アドニス・デンタタ	Toothed pheasant's eye	*Adonis dentata* Delile

樹蘭亞科	セッコク亜科		*Epidendroideae*
樺木科	カバノキ科	Birch family	*Betulaceae*
樺木屬	カバノキ属	Birch	*Betula*
橘柑	タチバナ	Tachibana orange	*Citrus tachibana* (Makino) Yu. Tanaka
燕子花	カキツバタ	Japanese Iris	*Iris laevigata* Fisch.
蕙蘭屬	シュンラン属	Boat orchids	*Cymbidium*
蕪菁、大頭菜	カブ	Wild turnip	*Brassica rapa* L.
錦葵科	アオイ科	Malvaceae	*Malvaceae*
龍腦菊	リュウノウギク	Ryunou scented daisy	*Chrysanthemum japonicum* (Makino) Kitam.
檜柏、圓柏	イブキビャクシン	Chinese juniper	*Juniperus chinensis* L.
檜翌檜	ヒノキアスナロ	Aomori cypress	*Thujopsis dolabrata* Sieb. et Tucc. var. *hondai* Makino
濱萊菔	ハマダイコン	Wild radish	*Raphanus sativus* L. f. *raphanistroides* Makino
簕竹族	タケ		*Bambuseae*

糙隱子草	シナガリヤス		*Cletstogenes squarrosa* (Trin. ex Ledeb.) Keng
縮羽鐵角蕨	トラノオシダ	Long-tail spleenwort	*Asplenium incisum* Thunb.
蕗蕎	ラッキョウ	Chinese onion ·Rakkyo	*Allium chinense* G.Don
薯蕷、山藥	ナガイモ	Chinese yam	*Dioscorea polystachya* Turcz.
繖形科	カラカサバナ科	Celery family	*Umbelliferae*
繡邊根節蘭、三板根節蘭	サルメンエビネ	Monkey orchid	*Calanthe tricarinata* Lindl.
薩摩野菊	サツマノギク		*Dendranthema ornatum* (Hemsl.) Kitam.
藍側金盞花	淡紫色フクジュソウ、アドニス・シールレア		*Adonis coerulea* Maxim.
轉子蓮、大花鐵線蓮	カザグルマ		*Clematis patens* C.Morren et Decne.
櫟屬（橡樹）	カシ、樫、橿、櫧	Live oak	*Quercus*
羅漢柏（翌檜）	アスナロ	Hiba arborvitae	*Thujopsis dolabrata* (L.f.) Siebold & Zucc.

羅漢柏天狗巢病	アスナロノヒジキ、アスナロウノヤドリギ	Witches' broom	*Blastospora betulae* S. Kaneko & Hiratsuka, f.
藜科	アカザ科	Chenopodiacea	*Chenopodiacea*
藜蘆屬	シュロソウ属	Veratrum	*Veratrum*
藥罐椎（圓椎與長果椎雜交種）	ヤカンジイ	Japanese chinquapin	*Castanopsis cuspidata* (Thunb.) Schottky
麒麟菊	キリンギク	Dense blazing star	*Liatris spicata* (L.) Willd.
寶蓋草、車草	クルマグサ	Common henbit	*Lamium amplexicaule* L.
懸鈴木屬	プラタナス	Plane trees	*Platanus*
櫸、櫸樹、櫸木	ケヤキ	Japanese zelkova	*Zelkova serrata* (Thunb.) Makino
櫻花簇葉病	サクラのてんぐ巣病菌	Cherry witches' broom	*Taphrina wiesneri* (Rath.)Mix
鐵角蕨	チャセンシダ	Maidenhair spleenwort	*Adiantum trichomanes* L.
鐵角蕨屬	チャセンシダぞく		*Asplenium*
鐵線蓮	テッセン	Asian virginsbower	*Clematis florida* Thunb.
鐵線蕨	ホウライシダ	Southern maidenhair fern	*Adiantum capillus-veneris* L.

中文名	和名	英文名	學名
鐵線蕨屬	ホウライシダ属	Maidenhair fern	*Adiantum*
囊泡貉藻	ムジナモ	Waterwheel plant	*Aldrovanda vesiculosa* L.
鬚芒草	メリケンカルカヤ	Broomsedge bluestem	*Andropogon virginicus* L.
鬚芒草屬	カルカヤ属		*Andropogon*
鷗菊	カモメギク		*Chrysanthemum seticuspe* (Maxim.) Hand.-Mazz.
蘿蔔	ダイコン	Rradishes	*Raphanus sativus* L.
蠶豆	ソラマメ	Broad bean	*Vicia faba* L.
鹽膚木	ヌルデ	Chinese sumac	*Rhus chinensis* Mill.

◉出處一覽——

Ⅰ信手寫來

《和草木一起》（ダヴィッド社，*1956*年 *11* 月／「銀杏騷動」除外的『選集』①）

Ⅱ我的植物園的植物

《隨筆草木誌》（南光社，*1936*年 *7*月／『選集④』）

Ⅲ各種植物

「梓弓」～「探討日本薯蕷」（《和草木一起》）

「浮萍與真菰」、「日本的櫻和西洋的櫻」（《隨筆草木誌》）

「日本的蝦脊蘭」、「一種稀有蘭科植物——小杜鵑蘭」（同／『選集⑤』）

「大根一家言」（《續牧野植物隨筆》鎌倉書房，*1948*年 *7*月／『選集④』）

「茄子的冗花」（《興趣的草木誌》啟文社，*1938*年 *6*月）

「水仙一席話」（《興趣的植物誌》狀文社，*1948*年 *7*月／『選集②』）

Ⅳ牧野一家言

「牧野一家言」（《和草木一起》）

「分辨不出味噌與糞便差別的園藝家」（《隨筆草木誌》）

「農家的貧富改變了蕃薯」、「《大言海》的四季豆」（同／『選集④』）

「蘭山的蓑米知識」、「珍名鐵線蕨」（興趣的草木誌／『選集⑤』）

「飛蓬為轉蓬」、「珍名鐵線蕨的追記」、「ジャガイモ不是馬鈴薯」、「紫藤不是藤」（《興趣的草木誌》）

※《牧野富太郎選集》全 *5* 卷是東京美術，*1970*年 *4*月～ *9*月刊。

※ 略年譜是參照《和草木一起》、《選集⑤》的刊載內容。

※ 舊漢字、假名用法已和新字及新假名統一。

出　　版／楓葉社文化事業有限公司
地　　址／新北市板橋區信義路163巷3號10樓
郵政劃撥／19907596　楓書坊文化出版社
網　　址／www.maplebook.com.tw
電　　話／02-2957-6096
傳　　真／02-2957-6435
作　　者／牧野富太郎
審　　定／謝長富
翻　　譯／張東君
責任編輯／周佳薇
校　　對／周季瑩
港澳經銷／泛華發行代理有限公司
定　　價／360元
初版日期／2023年10月

國家圖書館出版品預行編目資料

牧野富太郎：我與植物的爛漫誌 / 牧野富太郎作；張東君譯. -- 初版. -- 新北市：楓葉社文化事業有限公司, 2023.10　面； 公分

ISBN 978-986-370-589-5（平裝）

1. 植物學　2. 通俗作品

370　　112012249